U0261991

上海市高峰学峰学科建设计划“戏剧影视学”（项目编号：SH510GFXK）

潘健华 陆笑笑 著

COSTUME DESIGN
AND PRESENCE
OF MODERN CHINESE XIQU

戏曲现代戏服装设计与体现

中国社会科学出版社

图书在版编目（CIP）数据

戏曲现代戏服装设计与体现 / 潘健华，陆笑笑著．
—北京：中国社会科学出版社，2017.8
ISBN 978－7－5203－0777－2

Ⅰ．①戏…　Ⅱ．①潘…②陆…　Ⅲ．①剧装—服装设计　Ⅳ．①TS941.735

中国版本图书馆 CIP 数据核字（2017）第 181656 号

出 版 人　赵剑英
责任编辑　熊　瑞
责任校对　韩海超
责任印制　戴　宽

出　　版　中国社会科学出版社
社　　址　北京鼓楼西大街甲 158 号
邮　　编　100720
网　　址　http://www.csspw.cn
发 行 部　010－84083685
门 市 部　010－84029450
经　　销　新华书店及其他书店

印刷装订　北京君升印刷有限公司
版　　次　2017 年 8 月第 1 版
印　　次　2017 年 8 月第 1 次印刷

开　　本　710×1000　1/16
印　　张　9.25
插　　页　2
字　　数　125 千字
定　　价　68.00 元

凡购买中国社会科学出版社图书，如有质量问题请与本社联系调换
电话：010－84083683

序

P r e f a c e

弘扬传统文化及戏曲创新是当下的重大文化命题，戏曲现代戏创作富有担当。其服装设计与体现具有它的特殊性，是一种在戏曲程式特殊符号体系上围绕现代剧目创作理念的全新概念，具有当下文化表征及审美取向的现实价值。

随着戏曲现代戏的繁荣，传统程式及话剧影视类服装，均对戏曲现代戏严重不适，难以匹配戏曲艺术所要求的当下美学特征，以及适应反映现代生活的时代要求和青年观众的欣赏趣味。为此，建构戏曲现代戏服装符号体系，科学地界定戏曲现代戏服装设计理念及体现规程，尤为迫切。本书围绕戏曲现代戏服装作了理论与实践的系统阐述，尤其根据作者多年来大量戏曲现代戏的创作实践，有感而发，有理有据，图文生动，拾遗补阙，是国内首本戏曲现代戏服装专业著作。

戏曲现代戏服装是戏曲与服装艺术结合的产物，有着它内在的规定属性，服装是它外显的语言形态，戏曲现代性题材与样式有它的属性的内含规定，二者密不可分。在戏曲现代戏演出样式多样化的今天，要求服装设计者具有深厚的戏曲艺术与服装设计艺术修养，以丰富的想象力及开阔的知识视野来获取设计灵感，由此来体现剧目的风格样式与角色包装的创意，既为戏曲形象的体现提供依据，又具有独立的审美鉴赏价值。

本书富有鲜明的创新特色。其一，提出戏曲现代戏的设计与制作是一个工程，具有系统性。从剧本研读到舞台呈现，环环相扣，层层推进，极具操作性；其二，运用的资讯鲜活，均来自作者团队的自身体验，接受过市场与社会的检验，贴切当下；其三，有理论支撑的学术价值，对全新的戏曲现代戏服装概念、功能、特质作了理论界定；其四，对每个示范剧目的设计制作有详细的分析与评述，涉及剧目类型、角色、表现力等诸多方面，信息量大、参考性强。所有这些详尽的资讯既可作为教材，也可作为专业院团直接运用参考的教科书。

作者潘健华是国内首位戏剧服装设计专业的研究生，长期任教于上海戏剧学院舞台美术系戏剧服装设计专业，是该专业的资深教授。陆笑笑是一位青年学者，团队的核心成员，参与设计制作了大量的戏曲现代戏服装，有自身的独立思考与研究。在戏剧服装专业课的教学过程中，他们发现学生在现代戏曲服装设计与体现方面存在诸多困难，而戏曲现代戏的设计又具有市场，国内数以千计的戏曲院团均缺乏相关人才，渴望有此方面的系统、实用、理论性强的专著来指导、引领和参照。为此，作者及其团队用了多年的时间将数年来亲历的戏曲现代戏服装实践收集、整理、汇编。书中既有对戏曲现代戏服装设计概念、特性、功能、工程等方面的理论指导，也有一百多幅不同剧目的图像分析，填补了专业教程的空白，是上海戏剧学院建设一流院校、一流专业进程中的建设成果。

多年来，潘健华教授在中国服饰文化及女红艺术方面成果不断，有《云缕心衣——中国古代内衣文化》、《中西内衣文化》、《女红——中国女性闺房艺术》、《戏剧服装设计与手绘效果图表现》、《服装人体工程学与设计》等著作、论文，开创了国内服饰艺术设计与文化这一新的学术增长点。在取得丰硕成果的同时，也积极从事专业教材的建设，其中精品课程《服装人体工程学与设计》已成为几十所专业院校的教材，这种严谨治学并“立足讲台，服务社会”的重拓展、求创新的精神，值得推崇。

上海戏剧学院　院长 黄昌勇

2017年5月

目 录

Contents

前　言

Forward

戏曲现代戏对于传承戏曲艺术具有特殊的意义，它是时代提出的要求，又契合了传统戏曲艺术在伴随社会与民众需求的同时而寻求自身发展的需要。戏曲现代戏关注时代和民众最为直接，它是体现民族戏剧真正步入现代社会并服务现代观众的一种艺术业态。戏曲现代戏的服装创作与其他部门一样，有一定的难度，但对其发展来说又具有特殊的意义和价值。说到它的难，无非在于新编现代戏剧目既要建构现代品格，又要保持戏曲的表演特质，说到底，就是要面对当代戏曲发展中那个无可回避的传统程式化与现代化的根本关系问题。这也是戏曲所有新编剧目所要共同面对的难题，需要我们深入思考和提出自身的价值判断。

戏曲现代戏服装设计与体现有它的特殊性，它是一种在戏曲程式特殊符号体系上围绕现代剧目创作理念的全新手法，其特殊性表现在既有广泛而持久的因袭性和不容逾越的规范性，又有当下文化表征及审美取向的现实性。

戏曲现代戏服装，指服务于戏曲艺术中反映现实生活题材剧目的服装，早期称为时装戏、时事新戏或西装旗袍戏。这里有两层含义：一是直接表现剧目现实时空的服装，真实性、地域性、年代性为鲜明特征；二是对传统曲目改良及程式创新的服装，在因袭和遵循规范中融入现代审美意识，不失程式特征，又具现代欣赏趣味。

戏曲现代戏为我们提供了现代性的思考，它所表现的内容离我们很近，服装造型系统在承认传统戏曲程式系统在表现现代生活方面存在局限时，想方设法完成创作思维的转变，通过实践来实现中华戏曲艺术发展的创造性转化与创新性发展。围绕戏曲现代戏服装的考量，其中程式创新性、时空鲜明性、风格多样性、技艺独特性四个方面值得研讨。

一　程式创新性

戏曲程式是一个庞大的系统，涉及文本、音乐、角色行当、服装化妆、舞台表演等各个方面，内涵极其丰富，这里只涉及戏曲现代戏服装的程式与创新。近代戏曲在表演符号与服装造型体系的建构方面，虽然在艺术表现形式上有革新与探索，如早期齐如山等有识之士用西方戏剧观念指导京剧表演艺术家改装的戏曲服装改革，在整理传统剧目造型方面取得了不小的成就，戏曲现代戏的服装创新试验从民国初年就开始了，那时叫“时装戏”，但现代戏曲符号体系的建构则未能引起足够的重视。新中国成立后的现代戏创作以反映现代生活为己任，服装旧程式与新形式的矛盾空前尖锐。现今随着现代戏曲艺术大繁荣的来临，建构戏曲现代戏符号体系的任务无可回避地摆在了当代戏曲服装设计艺术家的面前。这么多年来，戏曲现代戏服装运用独特的表现形式，展现和塑造了许许多多栩栩如生的现代人物形象。如精品工程剧目京剧《骆驼祥子》、《华子良》，川剧《金子》，豫剧《铡刀下的红梅》等，在自觉遵循戏曲特有的美学规律的基础上，努力探索表现现代生活的服装造型形式，塑造具有行当意识、程式化语汇、现代时空兼具、特征鲜明的人物形象。以黄梅戏《倾宁夫人》为例，该剧的时代设定为明末清初，于是服装设计采用该历史段的形制，在色彩布局、纹样处理上大胆创新，追求装饰的唯美，大调和小对比的色彩配置（见图0–1、图0–2）。

纹样布局突破传统范式的结构（见图0–3），将生活化与艺术化高度融合。

戏曲现代戏服装创新，在结合文本创作和舞台表

图0–1 《倾宁夫人》服装设计效果图1

图0–2 《倾宁夫人》服装设计效果图2

图0-3 《倾宁夫人》服装设计效果图3

图0-4 《金缕曲》服装设计效果图

演方面均已取得有目共睹的成就，但至今并未创造出一套“被普遍采用”的“新程式”。这是由于现代戏曲符号体系的建构始终未能走出程式化的理论误区，21世纪的戏曲史已清楚地告诉我们，戏曲现代化服装的一个重要方面在于建构具有现代品格的符号体系，陈旧的程式不能很好地对应及激活当代观众的情感与生活体验，是戏曲演出与票房陷入困境的重要原因之一。建构现代戏曲服装符号体系，既要适合戏曲表演的程式意味，又要不重复以故常为法度的程式造型道路，一句话：程式必须创新。服装程式创新与行当程式、音乐程式、舞台动作程式创新一样，是一种契合现代戏时空规定的艺术表现手段和规则。上海大剧院与上海京剧院共同创作的现代京剧《金缕曲》的服装设计就是创新的大胆探索，该剧服装设计师将顾、吴二人服装的色彩处理为一黑一白，且顾贞观由浅入深，吴兆骞由深到浅，顺应二人之间心理转换的过程。装饰纹样采用书法中的行草为元素，借用狂草来担当纹样的功能，对应角色因文字狱而遭流放几十载的命运（见图0-4、图0-5）。

披风参与表演中对遥寄情感的宣泄，极具道具化，结构上采用四片式，动感中的可舞性得以体现。再根据角色

图0-5 《金缕曲》剧照

和时空场景的变化，赋以不同处理，浪漫而诗意。色彩的设置以一种高度符号的处理来对应程式；装饰纹样又符合传统戏曲服装程式所要求的装饰性与图案美，看似新，实为循。山东省吕剧院原创现代戏吕剧《回家》，根据“感动中国”2012年度十大人物之一高秉涵的故事改编，《回家》的服装设计可以说是在现实主义的创作基调上，大胆融入浪漫主义、表现主义的创作理念，赋予了鲜活的当代生活质感，角色服装通过当代生活质感来达到现实观照的情怀，形象亲切可信，从而引起更多观众的共鸣。上述两个剧目有个共同点，它们都在遵循戏曲程式的前提下，不同程度地验证现实关怀，设计上通过现代手法将程式转化创新。

戏曲现代戏服装设计，首先需严格遵循和熟练掌握戏曲服装程式，因为戏曲服装是表演的一部分，是戏曲演员进行角色创造的包装。戏曲现代戏服装离开了程式，戏曲的鲜明的节奏性和歌舞性就会减弱，艺术个性就会模糊。但这里的程式不是指传统戏曲服装的穿戴法则，而是指坚守戏曲艺术装饰性、综合性、虚拟性、动作化、性格化的美学特征。如淮剧现代戏《武训先生》乞讨一场戏中服装的“大带”及“半只水袖”的运用，充分体现了程式创新，也体现了服装是戏曲表演的一部分——配合乞讨的杂耍、抖铜钱等动作，清末生活服装的造型融入传统戏曲服装程式，巧妙混搭，生活服装与戏曲大带、水袖的调和，用色彩来统一。生活服装是静，戏曲服装大带与水袖是动，动静相宜，大带与不对称的半只水袖为表演提供了一个重要支点，而清末生活服装作为原型又再现了那个时代。这种着落于角色塑造及帮衬表演的创新手法，合理而自然。作为现代题材剧目的服装创造，不能把程式看作“镣铐”，应该激活程式而大胆创新，在把握程式的前提下结合剧目规定，灵动地运用它，进入从有法到无法的自由境界，此时戏曲现代戏的服装创作就会呈现出一种程式中具有现代意味，多元中显百样性格、见众多流派的特点。

二　时空鲜明性

戏曲现代戏服装与传统剧目服装的根本不同，在于前者表现的是现代题材，时间与空间有明确界定；后者表现的往往是传统剧目，依照传统穿戴方式装扮。戏曲现代戏服装要求对时空的表达比较鲜明，体现在对参与塑造戏剧事件的时空、参与事件的展开，编织与解释事件中人物的身份、地位、个性、心理状态、境遇等再现的职责。

戏曲现代戏服装中的时空鲜明性要求反映在一些功能再现上。它与其它类型的戏剧服装一样，塑造事件的时间与空间，参与剧本事件的展开，编织与解释剧本事件中人物的身份、地位、个性、心理状态、境遇等。每个现代戏剧目均有特定的时代背景、地域及场景特征，戏曲现代戏服装作为角色装束，必然要昭示这些内含，而且要鲜明。

戏曲现代戏服装时空鲜明性，具体指服装的年代与场景既要准确，合乎考据，又要具有典型性。通过服装的款式与色彩、附件、工艺手段来揭示所表现剧目的时间、地点、季节等。如裹腿风俗为清末民初山西农村；姑娘小袄浓丽大花为东北地区，清淡小花为南方地区；补服为清代标识。所有这些，即使没有唱词、没有背景也能表现角色的时空境地。厦门市金莲升高甲剧团创作的高甲戏《大稻埕》，描写的是1895年清朝政府与日本签订了丧权辱国的《马关条约》，将台湾割让给日本，全剧没有正面表现战争，而是通过民众的意识向世人发出“愿人人战死而失台，绝不愿拱手而让台”的惊天动地的呐喊。《大稻埕》服装设计以服装史中“满清十八滚”及我国东南地区闽式服装结构的设计元素来处理造型，角色的时代感与地域性富有特色。剧中母亲的服装以大块面的空来构成虚，镶滚的密来达到实，装饰上以鲜明的虚实相生来传达清代服饰的鲜明特征，也与剧中母亲殷实的家境相符（见图0–6）。

图0-6 《大稻埕》剧照

广西戏剧院创作的壮剧《冯子材》取材于民族英雄冯子材当年抗击法国侵略者的史实，服装设计大胆采用壮族服饰，色彩使用蓝、黑、棕三种颜色，结构为上衣短领对襟，缝一排（六至八对）布结纽扣，胸前缝小兜一对，腹部有两个大兜，下摆往里折成宽边，并于下沿左右两侧开对称裂口。穿宽大裤，短及膝下。有的缠绑腿，扎头巾，款式富有个性。以具有广西地域特色的服饰造型来对应地方剧种及剧的发生空间，巧妙地将戏曲程式与地域、时代交汇融合，既有史实感，又有异域情，结构上富于变幻，色彩上浓烈厚实，材料上多样穿插，总体上具有交响性（见图0-7、图0-8、图0-9、图0-10）。

戏曲现代戏服装中的时空鲜明性，不仅反映在现

图0-7 《冯子才》剧照1

图0-8 《冯子才》剧照2

图0-9 《冯子才》剧照3

图0-10 《冯子才》剧照4

代题材上，也同样适合传统题材的新演绎。上海京剧院创作的京剧《曹操与杨修》，表现曹杨之间的互相周旋、觊觎、对耗，通过封建权势人格与文人智能人格难以调和的性格冲突来体现作品的深层意蕴。设计上用了传统京剧服装的款式结构及穿戴方式，装饰处理上抛弃了传统纹样，采用剧目所处时代的纹样，汉代纹样的大气磅礴与剧目意境更切合，简约粗犷的云气及虎符纹揭示了曹操的性情，又反映了曹操的身份。《曹操与杨修》的服装设计，是一种传统与现代意识链接的成功范例，它对传统艺术如何焕发新的生命力，如何面对当代观众寻找新的精神沟通点，在戏曲中服装设计如何应时、应戏、应角色等方面，都值得推介的探索。

三 风格多样性

戏曲现代戏是反映当代生活最直接、最迅速的戏曲艺术形式。近年来陆续推出了风格多样的优秀作品，为戏曲现代戏的繁荣发展奠定了扎实基础，这里戏曲现代戏服装在艺术多样性上做出了贡献。多样性是艺术风格的必然特征，艺术所反映的客观世界本身的多样性，设计师思想情感、生活经验、审美理想、创造才能的多样性，规定了艺术风格的多样性。戏曲现代戏服装风格的多样性，注意突出人物的主要特征，即人物的独特性，并且还使许多形象具有多方面的性格特点，这样人物的形象才显得更加丰满。上海淮剧团创作的都市淮剧《武训先生》，讲述了中国近代群众办学的先驱者，享誉中外的贫民教育家、慈善家，行乞38年而被誉为“千古奇丐”，建起三处义学，教育了无数穷家子弟的武训先生的故事。服装设计的风格比较独特，不循寻常思路，追求平民美学，用刻意营造的斑驳、构成、破损等手段呈现独特的舞台美学意味。每个角色服装的线条、色彩、材料、工艺不经意的组合，相互交错，重叠或避开，使设计体现出“至上主义”的抽象观念。《武训先生》全剧服装的基调采用了黑、白、灰，设计上采用清末山东地区的服装元素，线条粗犷，风格纯朴，立意抽象，每个角色都个性鲜明富有特征，与导演对舞台形象审美观照的立意高度对应。也可以说，既对应了戏曲系统中淮剧的“土”，又通过黑、白、灰的新创意体现了都市淮剧敢于创新（见图0–11、图0–12）。

图0–11　淮剧《武训先生》定装照

图0–12　淮剧《武训先生》服装设计效果图

任何艺术形式均有各自的风格特征，每个戏曲形式及舞台样式都有自身的风格倾向。戏曲现代戏服装比传统戏曲服装更强调具象化、过程化、视觉化，直接参与并表现所创造的舞台风格，是表现还是再现，是平面构成还是立体组合，是繁纷还是简约，是清晰还是朦胧，是悲伤还是欢快。故事与形式美风格需要准确地揭示。陕西省文化厅出品，渭南市秦腔剧团等创排的大型秦腔现代戏《家园》，以反映“精准扶贫”为主题，以2010年发生在陕西紫阳的真实事件为素材，讲述了特大泥石流吞噬了一座村庄后，陕西启动避灾移民工程，干部带领村民重建家园的感人故事。服装采用了现代戏曲的视觉美学观念，运用强烈的表现主义手段，全剧服装造型在泥土营造的整体氛围中融为一体。视觉上避免程式的僵硬化。如服装上竖纹的褶皱里流淌着的黑黄的泥水和红黑的血水，以及干巴的泥浆、如巨石残垣的褶皱等超写实的粗粝质感，融入整体统一的凝重色调，增强了服装造型视觉上的灾难感，构成了鲜明风格，服装造型帮助了舞台整体视觉的呈现和表达，推动且强化剧情，打破了以往戏曲服装造型设计以帮助演员塑造人物个体形象为第一主导的创作思维，而形成独特的风格。

戏曲现代戏服装的风格处理，涉及各个层面，包括现代戏中的群众服装。如扬剧《红船》，讲述了民国时期两个盐商家庭的命运轮回与爱恨情仇。此剧通过再现江上救生的场景，叙述了人性之美。其中水手、难民的群像服装设计，风格与功能上借用古希腊戏剧演出中的“歌队”，让它成为现代戏曲演出中不可或缺的有机部分，形式有着不同于传统戏曲只强调塑造主要角色的功能和作用，对于戏的场景与气氛渲染非常得当，构成非常有力的舞台效果，扩大了戏曲叙事格局。如一组红色水手时而组成水浪，时而构成红船，极具画面感。对于现代戏曲剧目的群众服装处理，总结起来，有以下一些作用值得借鉴：介绍剧情和时空背景；抒发感情和烘托剧情；体现设计对剧情、人物的造型态度；通过舞或唱，可以转换时间，变换地点，连接剧情，分切场次，代替大幕；通过群像编排，可以装饰舞台，衬托画面；代替布景，模拟道具，增强舞台演出的假定性、虚拟性和象征性；可参与戏剧冲突，亦可不参与戏剧冲突；渲染舞台气氛，强化舞台节奏；变为剧中的各种不同角色，时而在剧中，时而在剧外；外化主要角色人物的心理活动和思想感情，成为“人物心理的外化群”；可歌、可舞、可诵，表现手段多样；参与迁换布景和道具工作，通过表演还可以替代布景和道具；替代传统戏曲中的“龙套”和“帮腔”（见图0-13、图0-14）。

作为设计艺术的戏曲现代戏服装，只有具有多样的风格，才能适应对丰富多样的现代戏曲的创新，戏曲艺术繁荣的时代，需要风格多样的戏曲现代戏服装参与呈现。

四　技艺独特性

戏曲现代戏大多来自现实题材，现实生活中感人的故事或者是一方名人轶事才有可能被搬上舞台。戏曲现代戏着落于现代及当下，其服装自然要求与生

图0-13 《红船》剧照1

图0-14 《红船》剧照2

活相呼应。戏曲舞台是假定的艺术化时空与情境，必须在表现生活中真人、真事发生的关联中富有艺术创造性。在戏曲现代戏服装方面既要有现代生活的造型感，又要契合戏曲表演性，很大程度上需要服装的技艺处理来保证，二度创作的主观能动性尤为关键。

具有视觉传达功能的戏曲现代戏服装，其结构、材料、工艺等手法直接参与剧目的题材表现及风格营造，浓丽还是雅致，质朴还是华贵，简约还是繁纷，这些戏曲舞台服装所要求的鲜明属性必须物化，通过创意手法在材料与工艺、整体与细节上刻意精心。

戏曲现代戏服装技艺，包含所运用的手段及理想。单单追求技术表现是炫技，没有技术表现则效果不鲜明。检验戏曲现代戏服装技艺运用是否成功，有看它是不是与戏贴切、是不是符合人物规定、是不是提升了人物、是不是具有戏曲感、是不是具有造型美感、是不是方便表演等一系列指标，达到这些指标才能准确地服务于戏曲现代戏。如淮剧《武训先生》中女主角梨花的服装，设计上没有采用传统的绣绘及色块，而是采用了双层镂空叠花来表现花的独特工艺手法和黑、白、灰配色，对应戏中所要求的简约质朴，也形象地传达了女主角清末山东农村少女的身份。同时将双层镂空叠花手法作为梨花全剧服装的基本元素，位置、面积、深浅稍加变化来贯穿全剧。《武训先生》中梨花服装的技艺，不是死守传统戏曲服装的制作技法，而是通过匹配的技法手段，艺术地塑造了比传统戏曲服装更具戏剧性的工艺追求。

戏曲现代戏服装不能脱离戏曲及其现代戏的规定而只追求技艺表现，任何远离戏曲现代戏服装设计属性的技艺，只能说是炫技。戏曲现代戏服装炫技在于设计理念与手法运用的错位。要么脱离戏曲艺术对服装具有表演性的要求，而妨碍行动成为造型秀；要么忽略服装与戏剧综合协同的属性，与舞美及导演的理念脱离。如服装造型采用动漫的夸张元素，意欲追求舞台张力，反而束缚了演员表演；有的服装为了强调装饰，既绣又绘，失去了风格；有的服装造型求怪求异，貌似创新，实为脱戏。所有这些，均是脱离戏曲艺术本体及戏曲现代戏规定的结果。

戏曲现代戏在当代戏曲的繁荣发展中已是很重要的一个方面。服装乃至整个舞美系统均要求在遵循传统程式与融入现代审美意识的创新上有所探索，这就要求戏曲服装设计师注重综合学识能力的培养，修身养性。遵循戏曲艺术的本体特质，同时敢于思考，勇于创新，这是戏曲艺术工作者应该承担的职责。

第一章

Chapter one

绪　论

一 定义

设计师以装扮者为载体，结合戏曲现代戏的时空规定性及演出样式，依靠预先制定的造型手法，在戏剧过程与演员行动中实现的角色包装任务。这个定义包含时空规定及演出样式。如《太行娘亲》表现20世纪三四十年代山西抗战这一题材，场景是太行山区；《诗圣李白》表现唐代诗人李白的浪漫情怀，用的是写意舞台；《母亲》是记录一位最普通母亲在民族生死存亡之际，将丈夫及5个儿子送上战场，最终亲人们均战死沙场的真实故事，服装分别运用不同的设计手法来揭示剧目所要求的信息。

二 功能

戏曲现代戏服装有着独特的功能价值。分别从实用、再现、组织、象征与审美几个方面来体现。

1. 实用功能

戏曲现代戏服装的实用功能并非人们对生活服装的实用观念，生活服装的实用指价廉物美、符合主观选择、穿着舒适、工艺讲究等，戏曲现代戏服装的实用功能除含有以上部分因素之外，主要体现在创造形象、改变形体、帮助表演，为舞台形象的一部分。

戏曲现代戏服装的改变形体，指在演员形体的基础上，服装造型通过工艺上的扩、缩、填、贴、垫等手段来创造符合角色要求的外部形象。如模拟判官、驼背人、武士等，这些角色的外观形象绝不能以常态服装的结构来处理，而应根据这些形象模拟的结构特征，采用塑形的手法来再现形象。同时，戏曲现代戏服装与话剧影视类服装不一样，它必须协助戏曲演员的身段表演，因为戏曲人物特别强调服装在表演空间的流动，与唱腔密切配合，任何妨碍表演的设计添加成分都不可取。可见，这种“实用”是戏曲艺术广义上的匹配。如壮剧《马骨胡之梦》通过层次来改变生活的自然形象，以雕塑的手法塑造角色（见图1–1）。

图1–1 《马骨胡之梦》剧照

2. 再现功能

戏曲现代戏服装与传统戏曲程式服装完全不同。戏曲现代戏服装直接参与塑造事件的时空，表达某个时间与空间，展开剧本的纵横线索，编织与解释事件中人物的身份、地位、个性、心理状态、境遇等方方面面。戏曲现代戏的每个剧目均有特定的时代背景与发生场景，戏曲现代戏服装必须昭示这些内含。《春秋二胥》以鲜明的汉代纹样对应剧目所发生的时代，不同纹样对应不同身份（见图1–2、图1–3、图1–4）。

（1）再现环境

环境表示是戏曲现代戏服装再现中的首要意义，通过服装的款式与色彩、附件、工艺手段来揭示所表现的时间、地点、季节、气候等。

（2）再现身份

如果说再现环境含有角色身外的装扮意义，那么再现身份就是角色内涵的传达。身份再现指角色服装所揭示的职业、地位、财富。

（3）再现个性

角色外层装束不单是为了再现环境与身份，还揭示了所塑人物的性格及内心世界，这是戏曲现代戏服装再现功能中的重要一环。戏曲现代戏服装的款式结构、色彩均含有塑造角色个性的功利。如角色穿上破碎结构的衣衫，观众自然给予角色“破落”、“贫困”的定义；黑色斗篷披露角色

图1–2 《春秋二胥》剧照1

图1-3 《春秋二胥》剧照2

图1-4 《春秋二胥》剧照3

郁伤的内心情感。

（4）再现角色的变故

从戏剧美学的理论来看戏曲现代戏服装，它有直观与过程两方面的特征。角色的服装同样有横向与纵向的关系，横向体现在每场角色与角色之间的结构关系，纵向反映在每个角色的独立戏剧过程。戏曲现代戏服装再现戏剧事件的产生与发展，具有鲜明的担当。

3. 组织功能

戏曲现代戏服装在角色关系上有主次之分、前后之分、强弱之分，也就是在角色组织安排上有独到的功能。其一，使主角更突出。如用对比色、变化的结构来拉主角与其他角色的关系，要让观众更注意主角的形象塑造。其二，角色身份或性格分块陈列。如两大家族用两种款式或色彩等，使角色的层次关系鲜明可辨。如黄梅戏《倾宁夫人》以一个主体元素——“竹”的不同变化与处理方式来界定角色主次（见图1–5、图1–6）。

4. 象征功能

戏曲现代戏美的直观性是戏剧发生学的特征之一，直观性就是让观众充分领略丰美的外部形象，服装承担了创造外部形象的任务，并与戏曲艺术美学相契合。

戏曲现代戏服装的象征功能可从主、客体两方面来

图1–5 《倾宁夫人》服装设计效果图1

图1–6 《倾宁夫人》服装设计效果图2

看。作为主体的戏曲现代戏服装及设计师，“可看性”与“可演性”是舞台不可缺少的内容，角色的相貌、性格、虚拟的结构与色彩构成多姿多彩的形式意味，来对应观众的心理体验。如珠光宝气的旗袍联想到地位与财富，衣衫褴褛联想到贫困，这里“珠光宝气”与“衣衫褴褛”包含了形象性与内心过程的双重内容。戏曲服装中以款式与色彩诉于观众的直观情感，是戏曲艺术程式属性与观众心理反应的结合。戏曲服装的象征，就是主、客体对服饰共同的心理积淀与评判，而且最终在角色身上的反映，对揭示角色有独到的效果。如蟒袍代表统治阶级；铠甲表示勇猛；红脸象征血性与忠耿；白脸象征工于心计及险诈。戏曲现代戏中某些抽象的服装形、色更为戏曲服装的象征功能拓宽了道路，在意指、象征中创造剧目的诗情。

戏曲现代戏服装的象征功能还表现在具有渲染气氛、揭示风格、烘托主题等价值。

（1）渲染气氛

本着戏曲表演空间的假定、象征，服装也具有渲染气氛的作用。以一个式样为群体穿着，在舞台上通过演员动态编排而构成一定的气氛，通过舞或唱，可以转换时间，变换地点，连接剧情，分切场次；可以装饰舞台，衬托画面；可以代替布景，模拟道具，增强舞台演出的假定性、虚拟性和象征性；可参与戏剧冲突，亦可不参与戏剧冲突；渲染舞台气氛，强化舞台节奏。这种外化角色人物的心理活动和思想感情的服装，成为人物心理的外化群，在可歌、可舞、可诵的多样手中通过表演塑造形象。如今，戏曲现代戏以服装来渲染气氛的作用已越来越被重视。如晋剧《背水之战》以红、白色块，配以舞及唱，渲染舞台情绪，烘托气氛（见图1-7、图1-8）。

图1-7 《背水之战》剧照1

图1-8 《背水之战》剧照2

（2）揭示风格

任何艺术形式均有各自的风格特征，戏曲现代戏服装以它的具象化、过程化、视觉化直接地参与并表现所创造的剧目风格，是写意还是写真，是表现还是再现，是平面构成还是立体组合，是繁纷还是简约，是清晰还是朦胧，是悲哀还是喜庆等，都通过不同的形式来揭示。

在揭示风格的手段上，戏曲现代戏服装大致依靠三种途径。其一是写实性风格，以准确的时代考据及性格化处理来产生叙事的真实性。其二是中性化风格，即没有明确的时代背景轮廓，求类型化、写意化，并不直接诉出时代与角色性格，而是随表演动作及唱腔协同而生产意义。其三是写实性与中性的结合，正常叙事并插入幻觉或唤起联想密切结合，如正常叙事用写实服装，戏中戏插入抽象的写意造型或者传统程式服装，使舞台形象在真与假、虚与实中双线发展（见图1–9、图1–10、图1–11、图1–12）。

（3）烘托主题

戏曲现代戏服装结构造型线及色彩也能明确的烘托主题，使剧目主题一目了然。如黑白、红绿、蓝黄补色系统将冲突性显示出来；划一的符号式服装将剧目意图显露出来。任何一个明智的戏曲现代戏剧作家或导演、设计师均必须考虑服装的形、色对主题的作用，因为戏曲服装本质上具有通过象征来烘托主题的功能。

（4）唤起联想

戏曲现代戏服装有唤起联想的特征。它的联想因素属戏剧艺术象征的范畴，角色服装造型的假定性必

图1-9 《愚公移山》剧照1

图1-10 《愚公移山》剧照2

然给观众以思考的成分，从形象感知到深层思考，再让思考促使感知升腾，在此迂回反复。这种联想包含观众对过去经历的追忆及时代、历史、性格的鉴定，例如“花翎”、“补服”，观众自然联想到清代官职。联想的另一方面，戏曲服装也能唤起观众对戏剧艺术家的理解，如象征性的色彩运用，观众并不认为生活或某时代如此，而是联想到这是戏曲艺术表现的艺术刻意。

5. 审美功能

戏曲现代戏服装的审美，指设计师对剧目内在规定性的领会与感悟。当戏剧设计师介入设计任务时，应将心绪置于剧场的现实。演员、舞台空间、剧场观众，对于设计师不再是现实的一切，应当进入演出的故事与现实，并将情境设想到创造之中。

戏曲现代戏服装的审美主要体现在对空间的理解。舞台空间与现实事件空间是不同质的。舞台空间是虚构层面，是“一种造型幻象”，如《母亲》中的母亲，不是本人而是由某人扮演。这个扮演的母亲只是某个人物，时代的代表或记号。舞台美术家莫里斯在《指号、语言和行动》中指出，“舞台上一个符号代表它以外的某个东西”，如一个手帕在生活中是物品，当演员甲（男）与演员乙（女）交流时，这种手帕成了记号，具备了感性的物质形式特征，成为一个传达爱情的信息载体。

三 创作规律

戏曲现代戏服装的创作规律亦称法则，是艺术设计中的本质联系，具有普遍性的结构。规律和本质是同等程度的概念，都是指戏曲现代戏服装所固有的、深藏于现象背后并决定或支配戏曲现代戏的方面。就设计与体现过程而言，指戏曲现代戏服装与设计本质之间既稳定又具差异的联系。

戏曲现代戏服装是为戏曲演出服务的，它的存在与作用必须为戏服务，区别于其他门类的设计，所体现的戏剧故事、矛盾冲突不可失，即无论何种风格，只要戏曲唱腔与表演没有发生变化，服务于戏的规律就必须存在，且反复发生作用，如风格样式一定要适应戏的发展与编导的整体设定。

戏曲现代戏服装具有服装设计的普遍性要求。列宁在《哲学笔记》中说："规律是现象中同一的东西。"对于戏曲现代戏服装具有普遍的支配作用，如设计法则、形式美要求、设计立意，它适用于所有的戏曲现代戏。

戏曲现代戏服装要求的永恒性。其一，普遍的东西就是戏曲性。指设计方式可以有多种多样的类型和形式。但不管是什么设计语汇与风格，戏曲性必须鲜明，如装饰性、图案性等戏曲服装属性不能少。其二，特殊的东西就是现代性。规律又是处在不断的变化与发展中的，现代戏曲的题材与审美要求设计符合当下性及史实性，这是戏曲现代戏服装在现今设计上需要呈现的特征之一。

四 审美特性

戏曲现代戏服装属于戏曲表演的一部分，就其他艺术而言，它是综合艺术。与其他戏剧表演相比，有说的没有唱，有唱的没有舞，有舞的没有打；就题材来讲，涉猎广泛；就表演来讲，讲究四功五法，即唱念做打，手眼身法步，一招一式都有程式，总体上讲究虚拟，水袖、大带、披风都是通过演员的表演来完成情绪及故事传达的。戏曲现代戏服装审美特征还体现在它既具有形式美的法则，又通过此服务故事情节，展现矛盾冲突，为戏剧情节发展的线索服务，塑造具有意义的人物形象。同时，戏曲看的是演员，电影看的是导演，电视剧看的是编剧，而尤其戏曲现代戏特别强调演员的服装富有时空及性格塑造，不同演员的表演也会有差异，会形成不同的流派特色。同样的戏，观众会选择看自己喜欢的流派。同一出戏曲不同的人都可以欣赏不同的东西。小的可能看热闹，大的可能喜欢听唱腔，这是戏曲能吸引人的根本原因。

第二章

chapter two

戏曲现代戏服装设计要素

戏曲现代戏服装设计不同于其他门类，设计成分与定位上有它独特的构成因素，按照自身的构成方式联结成系统。戏曲现代戏服装设计要素通常与编导、表演、舞美等其他客体相结合，构成一个统一的综合体，即系统的任何一个对象或客体均是诸要素的结合与组织方式。任何剧目的编导、表演、舞美离不开服装成分，服装也脱离不了编导、表演、舞美的成分。戏曲现代戏服装设计要素具有与戏曲艺术要素不同的明显特征，既独立又离不开。戏曲现代戏服装设计要素是相对于戏曲艺术要素大系统来讲的，它自身是一个系统，是导演对剧目立意的一部分，是演员唱念化语言、虚拟化身段、类型化行当的外化，是融合大舞美的一个分支，继而服从于戏曲艺术要素，这也是戏曲综合艺术的内在规定。

一　服装设计与编导

设计是导演的一部分，这是戏剧艺术综合性的属性规定。戏曲现代戏服装设计，必须具备编剧及导演意识，因为形象创造的依据来自剧本，样式及处理手法来自导演的整体意念。舞台上“着装的人”是

“戏”，“戏”靠“着装的人”，这个“着装的人”与“戏”均脱离不开编导的事先谋划与设定。设计上的编导意识分为体会剧本意图和把握导演方向。

关于体会剧本意图，需要熟读剧本，了解故事梗概及角色构成，并做好案头。以新编京剧《金缕曲》为例，把故事梗概梳理出来：清代顺治年间，江南文人吴兆骞（字汉槎）因“丁酉科场案”受诬入狱，被判流放宁古塔。他自幼相识的至交，才子顾贞观（号梁汾），为了营救吴兆骞，不惜屈身入大学士纳兰明珠府中当教书先生，求助于明珠之子、“国初第一词手”纳兰性德。而性德与吴兆骞并无交情，没有立刻答应。转眼近20年过去，康熙十五年的冬天，顾贞观感念知己吴兆骞在苦寒之地的凄凉情景，写了《金缕曲》二首寄之以代书信。纳兰性德读后，泪下数行，当即担保援救吴兆骞，5年后终于归来。回来后的吴兆骞却和顾贞观产生了误会，当吴兆骞在纳兰性德的书斋上看到了一行大字——“顾梁汾为吴汉槎屈膝处”，不禁号啕大哭。

从考据的角度去品味纳兰性德的诗文《金缕曲·赠梁汾》：

德也狂生耳。偶然间，缁尘京国，乌衣门第。有酒惟浇赵州土，谁会成生此意。不信道、遂成知己。青眼高歌俱未老，向樽前、拭尽英雄泪。君不见，月如水。

共君此夜须沉醉。且由他，蛾眉谣诼，古今同忌。身世悠悠何足问，冷笑置之而已。寻思起、从头翻悔。一日心期千劫在，后身缘、恐结他生里。然诺重，君须记。

这里对剧本的研读是为了更好地为设计方向服务，《金缕曲》就是以“诗文作为介质讲营救知己”，这就是要挖出的关键词，由此而定位展开。

把握导演的意图，首先要分析导演对剧本二度呈现的创作阐述。以新编京剧《驯悍记》为例，导演在莎士比亚中国化方面有自身的独特立意：整个驯悍的故事在醉汉的睡梦中完成，这点保留了莎士比亚原著剧中剧的情景。其中，求亲、迎亲、驯悍、相互理解，最终夫妻恩爱的过程中，都有智慧仆人的相助。改编的过程中，去枝节，保主干。强化了男女主角之间的纠葛，并保持了仆人的智慧火花。把女主角的妹妹与妹夫一条线作为陪衬，而且剧中妹妹婚前婚后性格的差异，妹夫有苦难言打赌失败的场面，恰烘托了主角与夫妻二人相互理解之后的情感，此外还突出了女主角父亲阎员外在性格与情感上的融入，使这部戏在情节上尊重原著，又不失戏剧结构的零散，也比较符合戏曲表演行当化的特征。故意以当代视角探索了两性关系以及爱情和金钱的价值等主题，以京剧的丰富程式展现莎翁剧作轻松、诙谐的风貌。

正因准确地把握了导演的意图，《驯悍记》服装的色块配置大胆中国化。二位性格迥异的女子分别用红、绿色组合变化，红色系凸显大乔“刚烈而凶悍”，绿色系凸显小乔“胆怯而温和”，色彩符号对应角色性格。

二　服装设计与表演

戏曲表演艺术强调角儿，角儿要求服装设计使自己的形象更鲜明。如扮演者因戏需要有抖、甩、翻、舞的动作，设计上所有的处理均要配合这些需求；有的表演中需要服装中藏物件，结构上需要设置口袋。同时，角色有主次之分，要求设计有强弱的整体布局，不能平均对待。

三　服装设计与舞美

服装是舞美一部分，尽管戏曲服装在某种程度上比舞美更重要。舞美的格调与元素直接关系到服装的效果。舞美以空间说话，空间的设置及色调是统一与变化的关系，统一在风格上，变化在语言搭配上。如含有春夏秋冬的四面转台，服装的四季变化要相应明确；素描式的白色灯光，服装色彩要倾向于色相饱和。

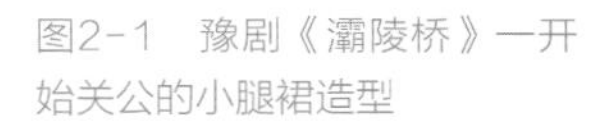
图2-1　豫剧《灞陵桥》一开始关公的小腿裙造型

四　服装设计与化妆造型

舞台服装与化妆造型属于戏剧人物造型部分，他们的共同点体现在创作角色的外部形象，以直观的形式语言来揭示角色的内容及二者之间呈整体默契的同步形态。在传统戏曲中花脸分两个行当，架子花脸与铜锤花脸，前者有很多武打动作，后者则注重唱功，动作比较小，例如豫剧《灞陵桥》中关公是“红生”扮相，属“铜锤花脸”，一开始设计师在设计制作时给了精干的小腿裙，但舞台上发现缺乏气势，因此换成了大腿裙，更能衬托人物形象，而小腿裙适宜武打动作，所以在这场戏中不是很贴切（见图2-1、图2-2、图2-3）。因此，服装与化妆造型是不可分割的一个整体，这是由它们共同为角色外貌服务的性质决定的。

图2-2　豫剧《灞陵桥》提升后的关公大腿裙造型

图2-3　《武训先生》武训造型设计

第三章

chapter three

戏曲现代戏服装形态美法则

形态美法则指设计过程中的形式构成规律与原则。在戏曲现代戏服装设计中，形态美法则既包含着美术设计形态美构成的共性内容，又融进了戏曲艺术形态构成的个性要求，了解这些形式构成规律与原则，有助于戏曲现代戏服装设计过程中创造出符合戏曲要求与美学特征的角色形象。

一　角色整体形象与局部关系

戏曲现代戏服装设计中的整体现象与局部都是主体与附属的关系，他们之间是相对而言的。如果把一套（或一组）服装看作一个整体，这些服装的款式、造型、色彩、材质、工艺、装饰等则各为一个局部；如仅把款式造型看作一个整体，其中上身、下身、领子、袖子、口袋等又各为一个局部。

就戏曲现代戏服装的整体而言，角色与角色、角色的前后关系、角色服装与舞台环境、角色的内外衣关系，其中的每个部分又是一个局部。由此可见，戏曲现代戏服装的整体与局部总是相互依存的，局部为着整体的完善而存在，整体的构成由与之相对应的局部而组成。几个独立的局部凑合在一起，往往构成一个杂乱的“拼盘”，未必构成一个完善和谐的整体；一个相对确立的整体，如果没有与之和谐的局部，就缺乏生动可行的形象感召力。

二　角色服装统一与变化

戏曲现代戏服装样式和色彩上的一致与协调都称为统一，在此基础上适度打破传统戏曲秩序称为变化。无论哪种艺术形态的造型，统一的形态才有整齐感、单纯性，不会给人以杂乱的印象；同时，没有变化的统一，则会显得单调、呆板，缺乏刺激的成分。如豫剧《灞陵桥》中曹操、关羽、袁绍的士兵服装款式及纹样统一，体现了变化中求统一的设计意念（见图3-1、图3-2、图3-3）。

可见，戏曲现代戏服装设计中要注意保持统一的和谐与增加变化的活泼因素。

图3-1　《灞陵桥》服装设计图1

图3-2　《灞陵桥》服装设计图2

图3-3　《灞陵桥》服装设计图3

尺度是变化的尺寸，变化的离心、异向、冲突始终以不敢破坏统一的和谐为原则。

和谐是统一的准则，统一的同向、向心必须有不凌乱的变化来补充。

三　角色服装形态美的对称与均衡

戏曲现代戏服装形态美的对称，指角色服装与饰件在大小、式样、距离与排列等方面一一相当，上下、左右、前后有明显的中心轴可划分，人体与五官、四肢是对称的最佳例证。服装设计的形态法则中，除了上下、左右、前后的绝对平衡之外，也有对比式均衡，所谓对比式均衡，指在平衡对称的基础上有适度的变化而不破坏对称的总量。

1. 同形等量

同形等量指中心线两侧对立各方的形状、线型、大小、面积、距离、排列等相同，有庄重、安稳的视觉感受，是设计中常用的构成法则。

2. 对比均衡

对比均衡指在同形等量的基础上富有变化，生动活泼而不杂乱，主要把握在对比均衡中不失重心感而产生视觉上的均势与量感的平衡，以某一区域内的适度添加、删减为处理方法。《鉴真东渡》角色中的长坎肩，结构左右同形，纹样处理采用均衡式的左右对比（见图3-4、图3-5）。

图3-4 《鉴真东渡》服装设计图1

图3-5 《鉴真东渡》服装设计图2

四 角色服装节奏与韵律的处理

节奏与韵律源于音乐术语，指音乐中交替出现的有规律的长短、大小、强弱现象，韵律指经过艺术构思而形成的有组织与节奏的和谐运动。在戏曲现代戏角色的服装设计创造中，通常将节奏与服装结构中形态的间隔处理联系起来，将结构线的形态特征与韵律联系起来，目的在于使服装的形象更有音乐感，将听觉艺术的和谐转变为富有形象的可视语言。节奏的不同处理可以产生不同效应，如可以联想到进行曲节奏，平稳单纯，缺乏变化。

五 戏曲现代戏服装的强调与简化

形态美法则中的强调作用在戏曲现代戏服装中尤为重要，体现出角色形象的鲜明性、个性化等戏剧要求，形态美中强调作用所产生的戏剧效果与其他门类的服装要求有本质区别，广义上它以相对集中地突出主体形象为目的，狭义上它以某组（件）服装的局部突出为手段，通过强调、夸张、反衬等作用，使观众的视线始终集中于最强调的突出部位，并判断角色的时代、性格、品味。

六 角色服装的渐变与比较

渐变指一个单元形（或一种色彩）在规定面积中的浓淡、深浅、大小、疏密的增加与减少。渐变过程中，基本型不产生变化，而仅在“量”的变化中体现。如线型的粗与细、疏与密；线条的曲与直、垂直与水平；花形与几何形的大与小等。

在戏曲现代戏服装设计形态要素中，要把握两个原则：第一，基本形不能杂乱，如圆形为基本形，只能在圆的大小与疏密中产生变化的趣味，不能随意添加与之无关的形态；第二，色彩渐变要单纯，以一个色相为主的浓淡渐变为佳，即使是冷暖对比的渐变（浓淡过渡），在冷暖两色中间要留有明显的白色空间做过渡。

渐变的运用，有以少胜多、以简洁求丰富的效果。例如，一组舞蹈服装采用紫色系列，深紫色用于领舞者（主角），淡紫色用于伴舞者（配者），既和谐统一，又富于变化。

渐变有以下几种方法：

① 粗细有序

② 疏密有间

③ 长度渐强或渐弱

④ 比例渐大或渐小

比较指对形式之间的认知，将有联系的两种或两种以上的形态与色彩加以关照、对应，确立形态之间的同异与相互关系。比较与渐变不一样，在于强调不同，给人以符合的印象与丰富的感觉。

戏曲现代戏服装设计形态美要素中的比较必须重整体的统一。例如褶纹的形态方位不同，格条与格条尺寸不同，面料图案色调相同但花型有别等，都是比较中求协调的常用手法。

形态美法则的“比较”，对于角色塑造来说，同样具有意义。这里的比较也就是形态上的矛盾与冲突，目的是对应角色塑造之间的冲突。

比较形式分类：

厚 ⟷ 薄	固定 ⟷ 流动
连续 ⟷ 打破	短 ⟷ 长
模糊 ⟷ 锋利	垂直 ⟷ 水平
平滑 ⟷ 粗糙	冷 ⟷ 暖
浓烈 ⟷ 素淡	

七　戏曲现代戏服装立体空间造型意识

无论是平面尺寸分割，还是在人体模型上铺覆的立体塑形，服装最终以实实在在的三维空间形体出现。所谓立体空间造型，指具有高度、宽厦、深度三个向度的三维空间构架。它与平面造型在创形理论与技巧、程序方面都有差异。平面造型中的服装图案装饰（如花卉、花边、绘画或摄影式处理），虽然也创造远近、大小等前后关系，但只是平面上创造一种三维性的空间感觉，一般称这种感觉为空间幻觉。平面造型仅创造一个角度的形，而立体空间造型必须考虑由多个角度构成的形体（块面），即不仅要考虑形态的架构美（指某一角度看到的形状），同时还要考虑整个形态的存在性（指由多个角度构成的整体形象），包括服装与环境（指舞台空间形式）等因素的关系。平面造型一般偏向于视觉传达意义和美感效果，立体空间造型还涉及结构与加工、材料与功能等适应性、匹配性因素。

戏曲现代戏服装在创构服装形态过程中，应具有立体空间意识。应用立体空间形态的思维方式去审视、安排造型内容，使人与服装的形态与功能、形态与舞台环境达到最佳状态。

1. 空间与形体关系

空间是物质运动的广延性，具有规模，并占有位置及长度、宽度和高度，与其他物体只能是上下、左右、前后的关系。

就立体空间造型来讲。空间和形体是互为表现的。没有足够的空间，形体便无法被容纳；没有一定的形体做限制（限定），空间只能被理解成无限的宇宙空间概念。空间先于形体而存在，然后形体决定空间的性质。就服装造型而言，人的形体在确立之前，空间可能只是空白或者随意，其本身没有实际意义，更谈不上功能的价值；当人的形体确立之后，形体就占据了定量的空间，落实到戏曲现代戏的舞台空间中，即是角色服装与舞美及光的造型与空间互动，同时也在形体和周围营造出了新的画面空间，这些空间又反过来影响着形体的实际造型效果。例如，京剧武将服装的“靠”，是形体与空间互动的代表性服装，其圆领，紧袖口，靠身分前后两片，长及足，它源于清代将官之绵甲戎服，上衣下裳相连，具有长宽袍的庄重大方，但它衣分两片，似衣非衣，似甲非甲，衣片虽有铠甲纹样，却不紧贴身体，因而完全摆脱了生活中的原始形态。极度的夸张与变形，使这种“分离式”的服装静则赋予人物以威武气概，动则便于夸张舞蹈动作。“靠”的造型鲜明体现了京剧服装的“可动性”这一艺术特点。“靠”设计中的“人体空间铸造”意识说明人的形体是受服装造型空间包围的，这个空间紧密地接触人的形体，在联合人体各部门的空间关系中，或紧贴或空隙，立体空间在这些造型关系中实现，仅依赖在人体上的束挂、裹缠、悬垂，通过人体运动产生丰富的衣纹变化和静、动态时不同的空间量表现，以及形体内外的空间结合。使服装具有强烈的雕塑感与立体性造型价值。

2. 服装造型空间

服装以它所占有或限定的空间来展示形态。它包围着人体形态，也受到人体体态的制约及其运动的要求，空间形态构成鲜明的视觉效果。

以女性宫廷礼服为例，宽大的裙裾、富有层次的配饰，起伏丰富，这种丰富的空间形态均以女性形体为条件来架构，而不可脱离人体的自然形态，只能在人体形体内外的有效空间中实现艺术造型价值。

服装造型的外空间形式，不同于雕塑与其他空间艺术，它受人体运动的制约，需在静止（静态）与运动（动态）两方面符合空间造型美要求与功能效绩，再理想的外空间造型，如果妨碍行动、束缚身体，也会失去造型意义。我们以传统的女性宽松袍（Sacpue，一种后背部抽裥曳地的长裙）为例，可以看出此款式经典性的价值，在于将空间造型与人体运动巧妙地结合，后背处的抽裥曳地在静止时富有雕塑感，而在行走状态下，由于裙后摆的事先空间量设定而蓬开，扩大了造型的空间界定范围。

3. 服装立体空间造型的舞台性

戏曲现代戏服装立体空间造型同样受到戏剧要求的限定，戏曲现代戏服装的陈列空间是舞台，观众在欣赏戏剧的同时也评价角色的衣着，而且观众的视觉角度不是单一的，角色在舞台有限的空间内行动，要求角色服装不同的空间块面（上下、左右、前后）均展示空间形态美的价值。例如服装造型为模拟动物形态，空间表现以头部的动物塑形为主，躯干与肢体为辅，头部塑形的空间包括前后、两侧、顶部与下端，因为演员在表演中，既会仰头也会俯首，既会正对观众也会背对观众，立体空间的要求就显得至关重要。

第四章

chapter four

戏曲现代戏服装设计工程

在戏曲现代戏服装设计的执行与体现上，它既有其他门类设计的共性特征，又有特殊的一面，这与戏曲艺术的规定与要求密切相关，除了对戏剧性的坚守之外，戏曲本体的属性必须在服装上得以呈现。戏曲现代戏服装设计与体现是一个系统的循序渐进的工程，从设计立意到舞台演出的各个环节都需要不断提升，在每个过程中追求二度创造，最终实现设计的理想本意。

一　第一工程

戏曲现代戏服装设计同传统戏曲服装设计均是戏剧要求与服装要素结合的产物，设计过程从造型创意到服装制作，直至舞台呈现，均是根据预先考虑而进行的表现戏曲人物外在形象意图的行为，是设计师的构想与服装物质的综合体现。

戏曲现代戏服装设计是根据剧本或演出策划者的要求，结合服装造型艺术法则，采用相匹配的面（材）料，制作出与角色贴切的装束。戏曲现代戏服装设计与其他造型艺术一样，饱含着相同的美学因素，不同点在对象与手段方面。画家可以过多地表达主观意念而不考虑观赏对象，而戏曲现代戏服装设计受人体、戏剧与戏曲程式化三大方面的制约，它是一项需考虑传统戏曲艺术、剧本内容、导演流派、表演形式、演员条件、舞台样式、经费等具体涉及的方方面面的设计艺术，它是角色及舞台构成的一个部分。

戏曲现代戏服装设计是戏剧艺术、戏曲服装艺术、服装史学、设计师品位的综合体现，它的最终设计必须经过构思、制定设计方案、制作、修正四大阶段，这四个阶段密切相关，且每个阶段均决定着服装形象的最终演出效果。所以说，戏曲现代戏服装设计是一个系统工程。

1．研读

接到设计任务的第一步就是接触剧本，需反复地阅读分析，阅读的目的是接近与了解剧本的主题、题材与风格，敏锐地捕捉到剧中发生了什么事、有哪些人物、为什么要有这些人物、这些人物如何被剧作家安排，要进行案头的文字工作，在剧本上或笔记上标出有关角色形象的外观描写或心理反应，将剧本中或多或少对角色外形的描述标划出来，这些描述是设计师阅读剧本时必须记住的内容，这也是编剧对于整部剧中人物的假设。对剧本的阅读，仅了解什么角色、多少角色、换几次服装、表达了一个什么事件是远远不够的，应通过这些事态与人物看到本质，洞察出剧本的深层功利。

以经典新编戏曲现代戏京剧《曹操与杨修》为例：

（旁唱）闻言如听惊雷炸，

孟德做事差、差、差！

仇者快、亲者痛、贻笑天下，

怕只怕招贤大计流水落花。

杨修　丞相为何沉吟不语？

曹操　杨主簿，这军粮战马，解了我军国大难，真乃不世之勋，老夫升你官阶三级，为丞相主簿！

杨修　谢丞相。

曹操　来来来，这件锦袍，随我栉风沐雨已有年矣！赠予先生，聊表孟德寸心！（解下锦袍，授予杨）

杨修　（接过锦袍）杨修肝脑涂地，当报知遇之恩，只是这军粮战马的首功孔闻岱，丞相如何升赏？

曹操　这孔、闻、岱么……老夫素有夜梦杀人之疾，昨夜，孔闻岱回到洛阳，相府回话，老夫正在书房朦胧困睡之中，不想一剑哪……

杨修　怎么样？

曹操　我将他误杀了！

【杨修惊呆，手中锦袍落地，凝视曹操，很陌生。】

【招贤者画外音：山不厌高，海不厌深，招贤纳士，一片诚心，招贤啰！招贤啰！】

【曹操拾起锦袍为杨修披上，曹操捶胸顿足，痛悔不已。】[①]

研读剧本之后转入分析剧本的进程，分析剧本部分之间的关系（幕、场次方面），局部与整体的关系（角色与角色之间）。在分析过程中能发现许多对角

① 剧本中明确提到锦袍这一服装配件，将之划出作为形象参考，同时将服装与人物的性格情绪等刻画以及表演相结合。

色形象塑造有用的成分，如配饰的细节描写、服饰色彩的描述，还有角色情绪的转变等。

剧本分析的步骤与内容有：

（1）初读和精读剧本。

（2）研究剧本时代背景并收集有关的服装参考资料。

（3）将每一幕，每一场划分为若干段落。

（4）寻找和确定每一段的事实、事件和矛盾冲突。

（5）在段落的基础上概括每一场、每一幕的事实、事件、矛盾冲突和规定情境。

（6）在幕的基础上分析和概括全剧的主要事件和主要矛盾冲突。分析和确定全剧的贯串行动和反贯串行动。

（7）分析和确定全剧的主题和副主题。

（8）分析和确定全剧的主题思想和演出的最高任务。

（9）人物分析：

① 划分人物营垒；

② 列出人物简历和小传；

③ 理清人物的思想和性格特点；

④ 明确人物的行动线、贯串行动和最高任务；

⑤ 区分人物相互间的关系；

⑥ 确定人物在主题思想中所占的地位和作用。

（10）确定每场、每幕和全剧的高潮。

（11）分析和研究全剧有关情节结构及剧作法的特点，如“交待”、“起”、“承”、“转”、“合”、“伏笔”、“呼应”、“悬念”、“陡转”、“意外”、“跌宕”、“点题”等。

（12）确定剧本的体裁和研究剧本的风格。

（13）关于剧本涉及服装所存在的问题或不足之处，如何协调进行修改加工。

2. 交流

在研读剧本进行分析之后，需立即与剧目创作群体取得联系，本着戏曲艺术是综合且整体的特性，这一环节尤为重要，创作者之间的交流主要以导演为牵线人，使导演与演员、舞台各部门设计者之间对剧本的理解达到默契，将导演的意图及构想传送给各部门，从而在整体的观念与动机上趋向一致。这里需处理好导演与服装设计师的关系，两者是互辅互补的，忽略或一味听从导演的做法均不可取。设计师应把自己精心的人物形象创造意图告知导演，导演在把握整体的前提下调动设计师的创造激情或给予一些实际性的帮助（如提供一些形象资料及书目）。交流还包括对演员的了解，要对演员的形体条件、气质以及可塑性做一些分析，尤其要留心特型演员并记录下他（她）们的特异之处，对于设计师来说，沟通的过程需随身携带笔记本电脑或纸与笔，随时进行总结、记录。

3. 资讯

对于戏曲现代戏服装设计来说，拿到剧本的同时应通过各种方式收集与剧本相关的时代资料、以往该剧传统戏曲程式化资料，以及国内各大剧团同类剧目演出的资料等。

首先，时空鲜明性是其重要特性之一，也是戏曲现代戏与传统戏曲服装创作之间区别较大的创新点，会将剧本背景年代的生活服装融入其中。阅读剧本之后，设计师开始进入表现历史时期的阶段，记住“一个设计师应比剧作家、导演更懂得时代”。对角色服饰的形象考据是戏曲现代戏服装必备的要点，它依靠绘画作品、文学描写、已上演过的剧照、服装史书刊来提供。戏曲现代戏服装设计中，对史实的理解又有不同于人类学家或者考古学家的区别，我们对此问题的观点是，要具有“博物馆的意识”，不应是“博物馆的标本复制者”。对服装史实的了解在于对该时代服饰文化及典型轮廓的吸收借鉴。在扣准时代的前提下，找出剧本中的有关角色的事实，它有五个“W”，第一是时间（WHEN），即角色出于什么时代、什么季节？第二是地点（WHERE），角色在什么地理位置、什么空间环境？第三是目的（WHAT），为什么要有这个人物及人物如何发展？第四是身份（WHO），角色的性格、年龄、职业如何？第五是意图（WHY），指角色穿用服装的意义与功利何在，是标榜还是炫耀？其次，本剧目若是经典戏曲剧目，则设计师应搜集经典传统戏曲的版本进行分析，研究其对人物与场景以及情节之间的处理方式。最后，同一剧目的现代新编版也应是设计师必备的参考资料，深入了解其在服装创作上的特点及创新之处。

对戏曲现代戏服装设计来说，资讯收集方面最需要关注的是形象资料地域性及时代性的准确考据。例如，同样是20世纪40年代抗战时期的群众，山东与山西在廓形上就有差异。同样是龙图腾纹样，汉代与明清的形态、结构、布局大相径庭，这些需要以考据的求真意识去筛选，保证形象资料的准确性，切忌概念与时空错位。

4. 定位

在构思阶段，通过对形象考据素材的收集，基本轮廓与色彩类别大致可以确立下来。这时，对角色服装款式与色彩的安排不可忽视款式与色彩应该产生或必然产生的隐喻作用，即形象的意味内蕴。

构思过程的风格倾向首先来自剧本的揭示及导演的提示，如时代写实或有时代的大致意味，在导演的提示之后，设计师需依据提示和传统戏曲服装的程式来确立风格样式。风格的内容包括剧目的精神及设计师个性与崇尚（或擅长），风格追求首先需找到自身的位置，正确地评估自己对剧目精神的理解及形式构造的能量，是外观上大刀阔斧还是静心于细节，是浓烈重彩还是清淡虚幻；其次将所选定的风格确立下来，再做创新点的切入，以何种方式创新是值得思考的。在戏曲现代戏服装的构思与创造中，风格化具有极大意义，能对剧目或演出样式的鲜明性、独特性起强化作用，反之常常显得乏味平庸。

与舞台各部门的协调是戏曲现代戏服装设计中的重要环节。戏曲现代戏服装设计的构思活动不像生活装那样，拿出方案及设计稿交给制作部门即可，戏曲现代戏服装毕竟是舞台诸要素的一个部分，在研读剧本、交流、确立风格等一系列自身行动之后，需留心并审视一下布景、灯光、化妆的进程，了解他们的方案，倾听他们对剧本的见解与意见，目的在于使自己的构思与他们趋向一致，从而更加整体化，否则，戏曲现代戏服装的设计构思将受到致命的打击。如服装方案是求整体、求温和而用清淡的色彩，想让服装随色光的变化而变化，而灯光设计的构思缺失素描光（白光），这些方面如果不去事先了解，必然会使服装在演出中惨淡黯然；再如服装方案是高度写实、细节真实，而化妆设计师的方案是夸张变形，这二者最终效果如何可想而知。只有双方经商议后趋向一致，才能产生舞台的整体效果而使风格更鲜明。

二 第二工程

第二工程是对第一工程的延续，是将形象意图进一步具体的保证。分为角色划分、制订人物行动图、绘制效果与结构图几个阶段。

1. 角色划分

任何剧本均有角色来充当，而角色总有力量、方位、强弱的主次之分，设计师在构思中需明确地划分出角色的层次差异，找出角色之间的重心，也就是需浓墨刻画之处，再以重心来带动角色间的连环，如《曹操与杨修》，曹操与杨修是第一层面（也可称作主角层），鹿鸣女、倩娘、众大臣是第二层面，曹八将、群众是第三层面。只有将剧本中角色的层次分别列出，才能在处理款式与色彩上主次分明。

以《曹操与杨修》为例进行角色层次划分：

第三层面

曹八将、群众等－－－－－－－－－－－－－－－

第二层面

鹿鸣女、倩娘、众大臣－－－－－－－－－－－－－－－

第一层面

曹操、杨修－－－－－－－－－－－－－－－

2. 制定人物行动图

戏曲现代戏服装设计效果图的绘制首先需要将剧本这类文本转化为图表，即人物行动图。这可使角色一目了然，它分为角色名称、场次、场次内容、出场标志几方面（见表4-1）。

表 4-1　人物行动图（剧名：淮剧《金龙与蜉蝣》）

场次		角色	金龙（一代国君）	蜉蝣（金龙儿子）	玉凤（金龙妻子）	玉荞（金龙儿媳）	牛牯（金龙追随者）	孑孓（金龙孙子）	老王（金龙父亲）	优伶甲乙	小宦官	诸先王	兵士	众嫔姬
序幕流亡	1	老王被杀，叛军作乱	狩猎回宫，悲怆不已，不愿离开				与金龙交换头盔以掩护他逃走		被叛军杀死					
	2	金龙潜逃时遇到玉凤，两人做了夫妻	骗玉凤松绑，扑倒玉凤		先用渔网缚住金龙，后又放开他									
第一幕出海	1	金龙与玉凤在渔村生活了三年，生下个儿子，享受天伦之乐	打鱼归来，隐瞒身份		疑惑但不介意金龙的身份									
	2	龙船驶过，金龙想起往事，想要离开	幻觉老龙出现，提醒他回去，不舍妻儿		挽留金龙离开失败									

续表

角色 场次			金龙（一代国君）	蜉蝣（金龙儿子）	玉凤（金龙妻子）	玉荠（金龙儿媳）	牛牯（金龙追随者）	子孓（金龙孙子）	老王（金龙父亲）	优伶甲乙	小宦官	诸先王	兵士	众嫔姬
第二幕 入宫	1	20年后，金龙重回宫殿，杀死牛牯	怕牛牯抢皇位，设计杀死他				得胜回宫，得意忘形坐龙椅						呼声如潮	
	2	金龙遇见寻父被抓去打仗的蜉蝣，较为喜欢，盘问身份	与蜉蝣谈话	伶牙俐齿，讨好金龙									架受刑后的蜉蝣上	
	3	金龙得知蜉蝣是牛牯的儿子，而下令将他阉割	因他是牛牯儿子将他阉割	被处宫刑，痛苦难当	思念儿郎	独守空房，思念丈夫								

续表

场次 \ 角色			金龙（一代国君）	蜉蝣（金龙儿子）	玉凤（金龙妻子）	玉荞（金龙儿媳）	牛牯（金龙追随者）	子孓（金龙孙子）	老王（金龙父亲）	优伶甲乙	小宦官	诸先王	兵士	众嫔姬
第三幕 盘桓	1	8年后，金龙形神俱衰。渴望皇子却不得，盘问蜉蝣	问蜉蝣自己身体到底行不行	圆滑应对金龙							被派去征少妇			
	2	蜉蝣假意用美女侍候金龙，用优伶讽刺金龙，金龙愤愤	勉强应付美女，看戏恼怒，杀掉二优伶	唤来美女侍候金龙，教优伶演出讽刺金龙的戏						演出优伶戏				侍奉金龙
	3	蜉蝣重遇被抓进宫的玉荞		遇见玉荞大惊，向其解说不能归家缘由		质问蜉蝣为何不回家					为大王征少妇归来			
	4	金龙闻讯赶来，见到玉荞，想留为夫人	满意玉荞	向金龙推荐玉荞		不愿做金龙夫人，愤怒并打了蜉蝣								

续表

角色 场次			金龙（一代国君）	蜉蝣（金龙儿子）	玉凤（金龙妻子）	玉荠（金龙儿媳）	牛牯（金龙追随者）	子子（金龙孙子）	老王（金龙父亲）	优伶甲乙	小官官	诸先王	兵士	众嫔姬
第三幕 盘桓	5	蜉蝣想要利用玉荠向金龙报仇，玉荠不愿		告诉玉荠杀父之仇，劝她留下帮她报仇		听到蜉蝣所说的缘由，并不嫌弃，劝他回家								
	6	玉凤带着孙子进宫，见到儿子，得知一切缘由，打算闯宫评理		见到娘亲，告知缘由和仇恨	打骂蜉蝣，恨他浪迹京城无音信	挣脱蜉蝣，喊来玉凤		一同跟进宫中						
第四幕 闯宫	1	金龙祈神保佑得子嗣，玉凤闯宫质问被轰出去	祈神并与闯宫的玉凤对话	执刃上	闯宫，骂金龙被轰出去								赶玉凤下	

续表

场次		角色	金龙（一代国君）	蜉蝣（金龙儿子）	玉凤（金龙妻子）	玉荞（金龙儿媳）	牛牯（金龙追随者）	孑孓（金龙孙子）	老王（金龙父亲）	优伶甲乙	小宦官	诸先王	兵士	众嫔姬
第四幕　闯宫	2	金龙遇到误入的孑孓，得知他是牛牯孙子，欲杀之。孑孓逃跑，遗落头盔，金龙明白一切，懊恼万分	见到孑孓，与他聊天。得知身份，欲掐死孑孓					与金龙谈话，离开时遗落头盔						
	3	蜉蝣欲行刺金龙，被告知自己的真实身份	告诉蜉蝣自己是他的父亲	行刺金龙										
第五幕　祭祖	1	金龙在祖宗面前请罪	问祖宗问天，他为何会得如此下场									诸先王指责金龙		

续表

场次 \ 角色			金龙（一代国君）	蜉蝣（金龙儿子）	玉凤（金龙妻子）	玉荞（金龙儿媳）	牛牯（金龙追随者）	子孓（金龙孙子）	老王（金龙父亲）	优伶甲乙	小官官	诸先王	兵士	众嫔姬
第五幕 祭祖	2	金龙、蜉蝣二人艰难相认	祈求蜉蝣与自己相认	因知身世而惨然										
	3	蜉蝣因阻止子孓留在宫中，被金龙杀死	想留下子孓成为江山传人	告诉金龙他要回家，并要带走子孓										
尾声 入主		玉凤、玉荞因蜉蝣的死而死去，金龙将皇位传给了子孓，却被他杀死	金龙将子孓按在王座上，被子孓刺死		因蜉蝣去世气绝	因蜉蝣去世自刎		刺死了金龙					兵士拜倒在子孓脚下	

通过以上《人物行动图》的角色出场梳理，为下一步设计提供了几个方面的帮助及参照：其一，将剧本人物及其故事提炼出来，对围绕角色所发生的故事、角色与角色之间的矛盾冲突作了言简意赅的概括；其二，横向上每个场次有几个角色出场，他们之间是什么关系，清晰可辨；其三，纵向上每个角色将经历什么戏剧变故，有什么起伏跌宕，一目了然。这个人物行动图为下一步的设计推进，具有可执行的导向价值。

3. 绘制效果与结构图

绘图主要指服装设计效果图以及结构图，效果图是服装设计中的形象表现。是对“构思”的继续及诠释，目的在于让构思得以实现，这种实现是依靠设计绘图语言来反映的，它大致有以下几个步骤和技巧。

（1）效果图平面展示

戏曲现代戏服装设计中的效果图是戏剧人物创造成功的前提，它是剧目内容、导演意图、设计师才智与技巧的综合体现。再好的设想、再好的观念，不通过艺术形象来展示总是徒劳的。在我们的戏剧创作过程中，经常听到导演对服装设计师说，“效果图最好能说明问题”，即效果图与人物绘画并不完全相同，服装设计效果图中的人物动作需要尽可能地给服装款式与材质足够的展示空间，而并非纯粹的为了画的美而美。

效果图制作步骤分为：找出基调（形、色）、初步勾勒、固定造型线、赋彩、平衡等几个方面。

找出基调包含剧目服装造型的总体轮廓形态及色调，如为某剧目设计的人物以简洁造型线为服饰结构总方向，黑白对比色为基调，只有将结构与色彩整体确立，才能为局部人物的衍变而找到依据，基调也是变化的源泉。

基调定下来，开始进行各个角色服装款式的初步勾勒（带有速写性的手法），让服装形象显现出来。这时可不拘泥于局部的刻意，发挥想象，但必须在勾勒中体现创作意图。

在所有的人物服饰有了基本轮廓之后，将他们按行动表的各自位置放好进行揣摩，检验一下所有服饰的基本轮廓是否在整体风格及时代意义上一致，是否体现人物与人物之间的关系问题，做局部人物的调整，什么地方该调整，什么地方太炫耀等进行各方面推敲。

对所有角色的基本服装轮廓推敲之后，可开始逐个加工，将角色的服装款式确立下来，从通身造型到局部细节处理，如外轮廓是圆的还是方的要明确，扣子是占上衣的一半长还是三分之一高，靴子是呈垂直线还是斜线等，一一表达清楚。另外，对于戏曲现代戏服装设计来说，它与舞台服装并不相同，戏曲服饰设计中的图案也需要尽可能地在效果图中明确体现，如此，效果图转化为成衣时便可减少制作上的困难。

当角色款式结构成立后，可以在“基调”的前提下，根据角色层次、关系、指向而上色。如剧目色彩基调是中性，就该在含灰或无明显感情成分的色彩上进行。例如新编京剧《狼牙山》中人物的服装设计初步草图以及进一步设计图（见图4-1、图4-2）。

服装的款式与色彩完成后需全面平衡，将不合角色创造的因素除去。如独立地看黑色很凝重，但放置到轻淡的人物关系中就显得跳跃，而剧本上明确该

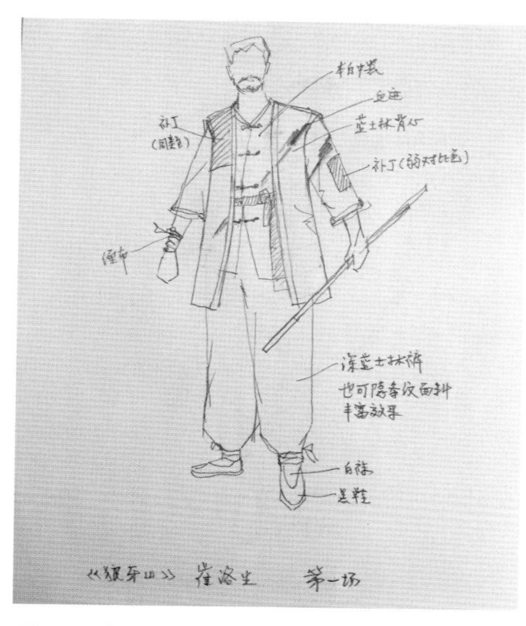

图4-1　《狼牙山》服装设计草图

图4-2　《狼牙山》服装效果图

角色只能做陪衬，这样黑色必须改为其他色彩或在色相与明度上变化。平衡中的关键是意图是否反映出来（时代对否？性格合否？）；基调是否明确；角色主次有否混乱或颠倒；效果图中的服装结构能否做得出来；演员穿着是否合适；戏曲现代戏服装还有一大问题，即服装是否便于表演与抢装等一系列关系。

戏曲现代戏服装效果图是借助服装设计语言（构成要素）结合戏剧要求而产生的，目的是使构思后的服饰形象活化直观，并可参照示意图为成衣制作找到依据（见图4-3、图4-4）。无论何种风格的剧目，戏曲现代戏服装设计的效果图创造不外乎绘、拼贴、平涂、渲染、装饰等手法。

（2）结构图展示

服装结构设计是对效果图的补充，结构设计即服装款式各部分量的分配，俗称“裁剪图”。

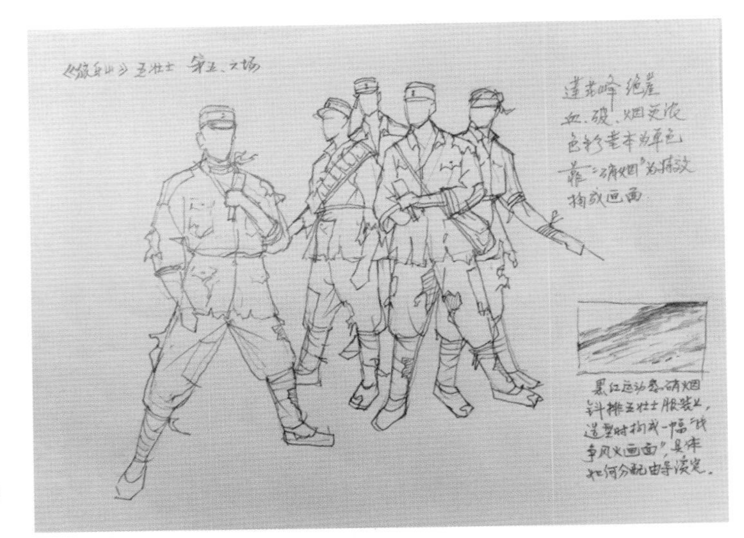

图4-3 《狼牙山》五壮士服装设计草图

图4-4 《狼牙山》五壮士服装设计效果图

由于舞台服装的款式变化较多，有不同时代及不同风格，在结构设计上以“基型”变化的方式处理较理想，传统的裁剪图无法产生灵活的变化。结构图是戏曲现代戏服装进入工厂制作的关键所在，是效果图与制作的媒介，效果图往往比较写意与夸张，旨在体现服装在舞台上的意境美，对于款式的结构并不能完全表现，结构图则使效果图更理智化、尺寸化，可令设计师准确把控服装造型的可操作性，提高效率。结构图可以依附于效果图某一角，也可另行处理（见图4-5、图4-6）。

（3）设计注释

以上阶段完成之后，还需对服装的特别要求做一说明。在这里，尤其要强调的是，戏曲服装的各个尺寸的要求极为精准，如百褶裙、马面裙下摆的摆幅是多少寸，褶、帔等服装的袖口以及水袖的宽度是多少，用什么面料，替换材料是什么，纹样的具体尺寸与水路如何处理等，最好详细地做一解释，并在服装效果图旁附上对应面料的小样。包括服装面料肌理的制作方法、钉珠装饰品的要求与工艺、纹样的细节放大图等，均需尽量标注于效果图上。对设计做一个全面、细致的解释说明，便于导演以及制作方的理解。

注释的种类主要有：

图4-5　现代淮剧《武训先生》中女主角梨花的服装设计图

图4-6　现代淮剧《武训先生》中女主角梨花的服装款式结构图

① 服装开衩的具体位置；

② 色彩的详细说明；

③ 绣花纹样的大致布局以及纹样放大图；

④ 腰带、腰古以及飘带等，是否为了便于演员穿脱和抢装做假；

⑤ 长衫以及百褶裙等是否盖住脚面；

⑥ 翻袖与接袖的处理方式；

⑦ 设计图中所体现的白内领、下摆等与外衣是否做成假两件的形式等。

这些都是需要注释标出的内容，设计师应充分使用结构图与文字尽可能详细地描述效果图（见图4–7、图4–8、图4–9）。

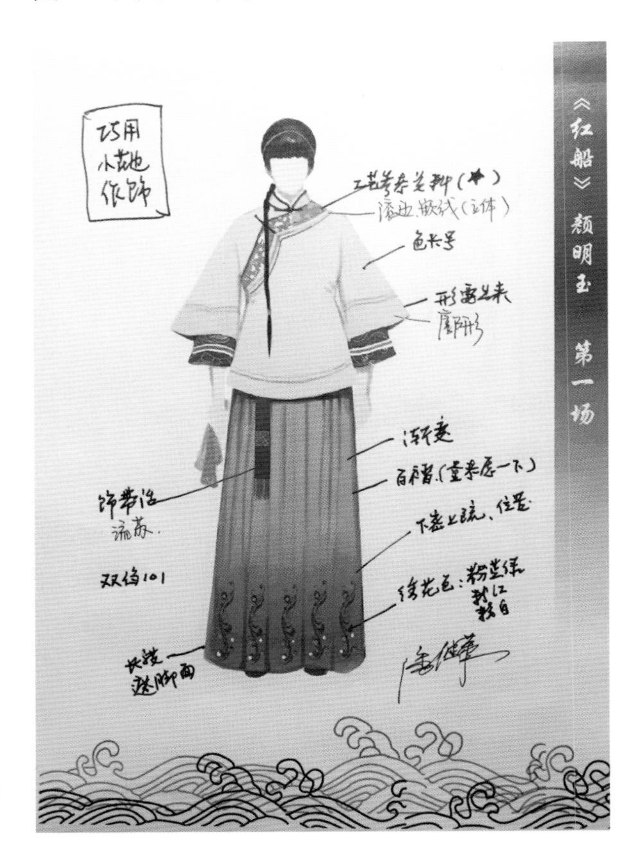

图4–7　扬剧《红船》中颜明玉的服装设计效果图

图4-8　新编京剧《徐光启与利玛窦》中利玛窦的服装设计图中注释详细纹样、腰带、帽子款式等

图4-9　淮剧《武训先生》中了证的服装设计图中附有面料肌理的标识

三　第三工程

戏曲现代戏服装设计是一种主观的创作活动，想象是虚无缥缈、难以捕捉的，而设计图往往倾向于表现舞台呈现的渲染效果，即便清晰地为结构图加以注释说明也需设计师亲自挑选面料等，并且由于服装必须要符合其服用性的特殊性能，需要演员通过穿着、动作表演而呈现，这便体现了戏剧服装的制作阶段也就是第三工程的重要性，它是设计过程中的重要一环，将把设计者的构思、效果图、结构图立体化，同时，也是设计者对效果图平面的二度创造，即对设计理念和设计图的一种再度提升。所谓“三分设计，七分做工”，充分说明戏曲现代戏服装制作的地位。戏曲现代戏服装与时装成衣的最大区别在于，前者带有“以假代真”及“道具化”的个性。

1. 预算

进入工厂制作的首要任务便是制作预算表。预算的原则包括四个方面：成衣量、制作费用、设计费及其他开支。预算应与制作方协商达成一致之后再进行预算表的制作。其次，与制作方签合同时，也应秉持着这三个原则进行制作合同附加，附件主要包括以下几个内容：服装清单（即品名）、单位（套、件等）、数量、单价、总额、备注、总数量以及总金额等。

2. 尺寸

将戏曲现代戏服装立体化的第一步便是测量尺寸，量体制衣。需对演员的形体尺寸做详细了解，戏曲现代戏演员不是都像舞蹈演员那样拥有标准的身材比例以及肌肉线条，他们大多为中年人，甚至是老年人，特殊形态的演员也不在少数，这便对量尺寸这一环节的精准度要求极高。

在实际测量中，戏曲现代戏服装中需要着重注意的尺寸问题主要有：第一，演员是否在演出时穿着增高鞋；第二，身材瘦弱的男性演员需要塑造魁梧的形象时胖袄的制作尺寸，肩部做到什么位置较为合适；第三，云肩到肩部的具体位置以及加上流苏等装饰物下挂的长度；第四，由于人身高、上下身长度比例不同，在剧中饰演角色不同，也就造成帝王将相与士兵之间服装的长短区别，披风的长度也需要量尺寸时一并测量；第五，民国以及清朝时期马褂的长短定位是否体现年代感；第六，塑造驼背的老人时，背部填充物的高度等。这些都是第一环节测量尺寸时需要解决的问题。

例如：

《××》剧目演员尺寸表

内容 姓名	角色名	身高	体重	鞋码	头围	颈围	肩宽	袖长	大臂围	腰节长	胸围	腰围	臀围	裤长	大腿围	…
××																
××																

注：演员净身尺寸测量完毕后，应根据款式与打板师商量确定放量问题。

3. 贴标

贴标，顾名思义，就是贴色标，将设计图中的服饰用相应的面料小样与色彩标签以及详细的文字说明体现在制作订单上的一个环节，这一环节是继服装设计效果图注释之后的完整补充步骤，也是戏曲现代戏制作过程的第一步。进入制作的贴标与之前所描述的效果图注释不同，需从实际出发，以制作方面料仓库的现有面料为主要原材料，若现有材料不足以满足设计师最初的设计意图，则选择重新订购其他面料。

戏曲现代戏服装设计师不熟谙服装材料，就不是一位优秀的设计师，应当知道，科学地运用合理的材料能为设计润色，并准确地体现既定的设计思想。设计师可平日里做一些对面料款式、色彩的收集工作，作为面料知识储备。

戏曲现代戏服装的材料与舞台服装既相同又有差异，相同点体现在各类服装均由面料、里料、辅料三部分构成，受戏曲剧目的制约与角色塑造的要求，经常以假代真，只求与角色的形象要求相符，作为演员外化的符号信息，并需要及时抢装；不同点在于戏曲现代戏服装对材料的运用与舞台服装材质并非完全相同，传统戏曲的服装面料在戏曲现代戏中依然是主流，戏曲现代戏中的材料主要分为天然、化纤以及特殊材料等。天然面料又分为真丝绉缎、双绉以及留香绉等，材质柔软飘逸、垂感佳、染色色彩饱和度高；化纤材料分为：仿大缎、织锦缎、泰丝等，面料成本低，垂坠感、光泽感略差；特殊材料主要囊括了弹力材料、里衬材料、厚绸、绵绸、粗布、麻布、手术布、豆包布，以及可塑性极强、种类繁多的夏布等。

戏曲现代戏服装的材料是体现形象完满的必要条件。它的不同的物质特征，如织造特色、色彩感觉、轻薄厚重、悬垂与飘逸，均给人以暗示与直观。在舞台上，不同的材料通过角色的服用产生不同的艺术效果。现当代，戏曲现代戏服装面料大多依然还是以传统戏曲服装面料真丝绉缎为主，同样使用较厚的101绉缎材料，以保持戏曲服装一定的质感，在此需要特别提醒的是，戏曲现代戏中服装面料若使用真丝绉缎依然选择亚光面进行制作。其他面料可根据设计师的设计方案结合传统戏曲及年代感的要求进行调整，作为设计者需特别留心剧中每个层次的角色服装面料是否风格统一，是否通过面料表现了剧中的人物关系，是否展现剧中人物的角色美。

服装材料通过它们自身的特殊成分与质地，能在观众的视觉中唤起与材料相对应的感觉与情绪，通过外在材料给角色某个定义。例如绸缎的华贵、玻璃纱的虚幻、皮革的力量等，每一种材料都有不可替代的表现力，这些材料的特质在观众心里进一步拓展了联想的领域，如织锦缎表现贵族的身份、粗布反映庶民的形象、豆包布体现难民的经历，使观众在直观的第一印象中认定角色塑造的意义。

贴标工艺制作单应包含的内容有：设计图小样、款式结构分解、色标与编号、纹样位置、尺寸、特殊说明等，这部分工作是为了保证下一步制作有明确的执行可能（见图4-10、图4-11、图4-12、图4-13）。

4. 备料

备料指将在制作订单上贴好的面料以及辅料找出，并从成卷面料中裁取其中所需的尺寸为裁剪做准备的过程。实际操作中，有很多时候设计师选取的面料并不足够制作一件所需的服装，再加上色彩的种类上万，若想在现有绉缎中找到与贴标时完全相同的色彩并不容易，这就涉及另外一种工艺——染色。对于

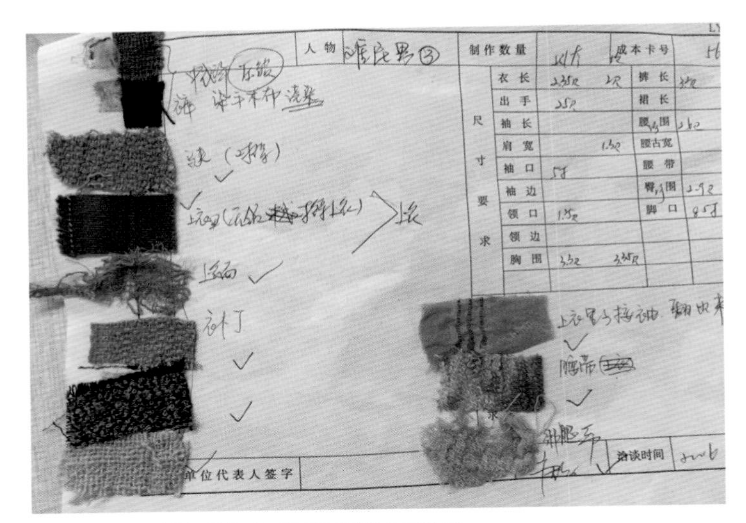

图4-10　扬剧《红船》中男性难民的贴标制作单

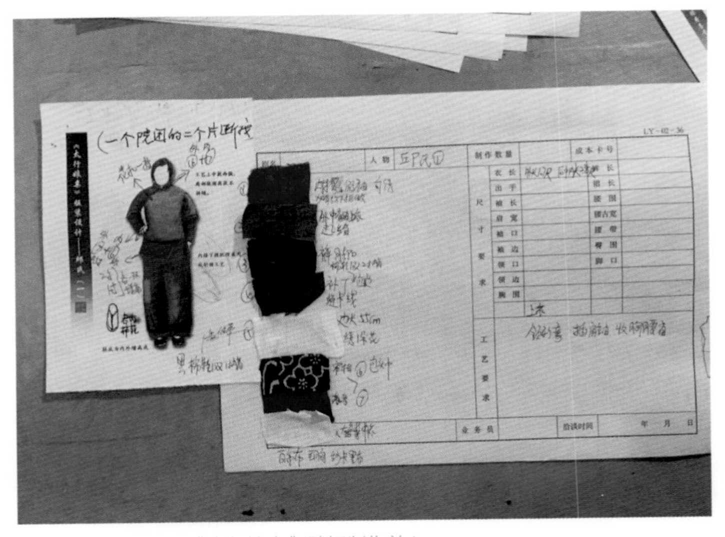

图4-11　上党梆子《太行娘亲》贴标制作单1

戏曲现代戏服装来说，真丝绉缎染色是极为常见的现象，面料中棉与天然材料，例如真丝等才可以染色，化纤材质不可以再次进行染色。

戏曲现代戏中的染色部分主要有以下几种形式。

第一，均匀染色。为了满足原有面料不足以及色

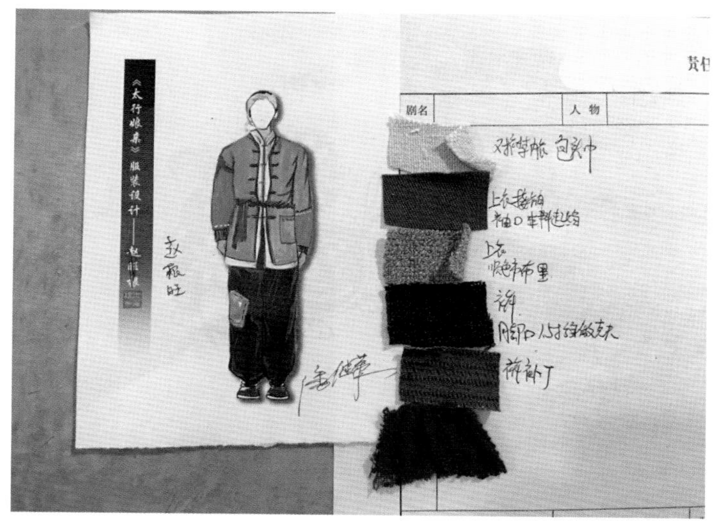

图4-12　上党梆子《太行娘亲》贴标制作单2

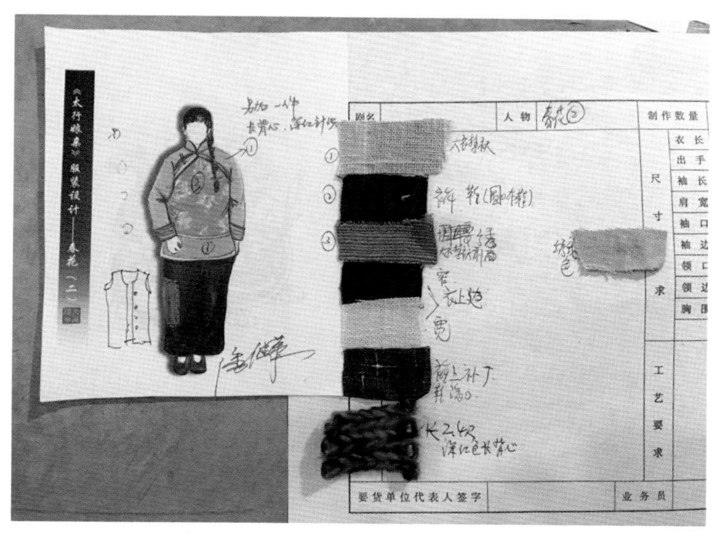

图4-13　上党梆子《太行娘亲》贴标制作单3

彩不齐的缺陷。

第二，哈夫色，即渐变色。适用于表现女性角色的柔美、优雅，以及男性文人角色的诗意与雅致。给人以轻盈、飘逸、通透的感觉。戏曲现代戏以及传统戏曲中皆频繁使用（见图4-14）。

图4-14　扬剧《红船》服装

图4-15　扬剧《红船》中使用浇染工艺制作的难民服装

第三，浇染，即将面料浇染出不规则的斑驳的方式，适合制作粗旷、沧桑感的服装。难民服装等需要后期处理做旧的服装上可以借助浇染这一工序减少做旧的工作量，可令服装不会因使用绘画颜料做旧而变硬（见图4-15）。

第四，泼染，指在现有面料上，以泼墨的形式用纺织染料在面料上制造大小不均的点状效果的染色形式。

染色并非想象中那么简单，设计师需要了解一些染色小技巧：染色过程中设计师需要亲临现场，染色需将面料浸湿，染色完成的面料处于湿的状态时，色彩会比色卡上的颜色深1–2个度，于是，作为设计师应尽量要求染色工作者将其烫干一个小面积，观察染色色彩与色卡是否一致；每染一个色彩最后均需要固色处理，待固色后，色彩便不可以进行改变；哈夫色染色时需要设计师至少提供三个色标，这三个色标应由浅至深，依次排列，不可脱节。

另外，贴标不仅仅指面料，辅料也是其中的一项内容。戏曲现代戏服装辅料是在戏曲现代戏服装中除了面料（包括特殊材料）以外的所有配料的总称，如服装的里料、衬料、填充料、花边等。戏曲现代戏服装的辅料比生活服装更宽泛，也是戏剧的假定与虚拟决定的，它不像生活服装那样讲究内在的品质，而是注重舞台的视觉效果是否达到角色塑造的要求。例如，生活服装中的填充料绝不可用废报纸或废海绵，而在戏曲舞台服装上却允许存在。在实际制作过程中，辅料常常是被忽视的一小部分，但若是在贴标阶段将设计图中涉及的面料以及辅料全部确定下来，可帮助设计师将整套服装中所需的面料以及辅料摆放在一起，准确把握服装设计的大感觉，以表现最初的设计意图。

第一，里料，指服装最里层的材料，也称“夹里”或“里子”。不需特别将其贴在制作单上，选取与主面料相似色彩的里料即可。戏曲现代戏服装采用里料有几方面的作用：其一，增加服装的滑爽性，便于服装的穿脱与人体运动，减少主面料表面的摩擦力；其二，增加服装的立体效果，有些面料轻、薄、透、软，增加一层与面料协调的里料，能帮助面料形成平整的形态；其三，防止填充料外露，装有海绵、棉花、泡沫等充料的服装，一定要加里料，不使其裸露在外，影响美观。

里料的种类很多，戏曲现代戏服装一般采用夫春纺、美丽绸、尼丝纺、尼龙绸、涤丝绸等，尽可能回避真丝电力纺、真丝斜纹绸等价格较高的里料。里料与面料在性能上的搭配要恰当，主要是缩小率、色牢度、熨烫温度等方面尽可能一致，以免影响外观。

第二，填料，指塑造非常规（自然）人体形态，表现角色特定服装外形，在面料与里料中间的填充物。例如，表现魁梧的形象，在服装背部的里料与面料之间充填上棉絮，来表现局部的曲凸外观；或是使用棉絮另做一件胖袄，着于内衣与外袍之间，设计师需要特别注意胖袄的尺寸。

填料的常用材料有棉絮（棉花）、羽绒、人造毛皮、中空泡沫塑料、废报纸等，考虑到成本，一般不用品质较好的鹅绒、驼绒。

其他的辅料，如花边、盘扣或是丝带、缀饰等需设计师根据设计图效果进行选择，视情况而定。

5. 裁剪

裁剪即打版与剪裁的结合。戏曲现代戏服装的裁剪与传统戏曲服装的裁剪有些许不同。戏曲现代戏服装由于涉及年代与审美等问题，在版型上有别于传统服装裁剪。

例如，现代戏扬剧《红船》讲述清末民初时期的故事，民初时服装较宽大、体积感强等特点需要考虑到。如女主角的服装并不需要为了演员个体美而将斜领上衣做得相对较短或是收腰，而是保留年代的味道，塑造其宽大的廓形，突出时代的特点。又如，传统戏曲中服装蟒、帔、褶和历史服装的袖子做法均为中式袖的裁剪方式，而在现代戏曲中，许多女性角色的服装肩袖部位均改良为插肩袖（见图4-16、图4-17），更加美观，不显臃肿，穿着舒适。再者，随着工艺的发展，对于马面裙的裁剪制作有了新的方法——死马面，即与传统做法不同，不可活动，与裙身完全缝合的方式，在裁剪中也需设计师做具体说明，否则两种做法的裙摆尺寸不同，影响后期绣花和成合。在此需特别提醒的问题是，压皱或是做其他肌理效果的服装需要在裁剪时留出

图4-16　大型原创黄梅戏《倾宁夫人》中女主角的插肩袖服装1

图4-17　大型原创黄梅戏《倾宁夫人》中女主角的插肩袖服装2

余量，方便成合的制作。

此外，若设计师对于戏曲现代戏服装设计的款式以及结构有更大创新，也需在裁剪过程中与经验丰富的师傅进行商讨，一同尝试实验，最终完成设计师的构想。

6. 绘印

绘印由绘制纹样与拓印至面料两个部分组成。作为服装设计师，最好的方法便是在设计最初就在脑海中勾勒出服饰相应的纹样，并通过服装效果图表现在服装上，或是单独将其制作出一个较清晰的大图作为资料，附在服装效果图旁。这样，在进入绘印阶段时，就只需轻松地确定纹样的具体位置以及水路尺寸。

例如，在新编京剧《曹操与杨修》中，曹操披风的设计上有大量的绣花纹样。为了尽量确保设计得到准确体现，设计师在绘制披风效果图时，也绘制了详细的纹样图，便于绘印流程的生产（见图4-18、图4-19、图4-20）。

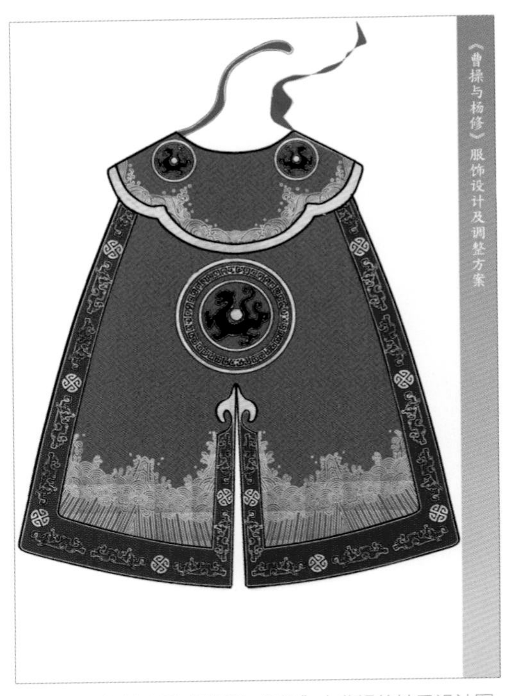

图4-18　新编京剧《曹操与杨修》中曹操的披风设计图

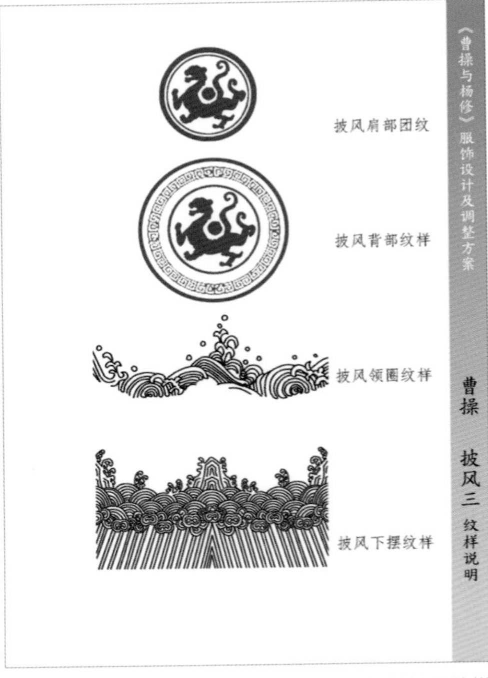

图4-19　新编京剧《曹操与杨修》中曹操的披风纹样注释

图4-20　新编京剧《曹操与杨修》中曹操的披风

（1）纹样

其实，纹样可作为戏曲现代戏创新的一个突破口。传统戏曲服饰的纹样极为复杂，程式化的纹样组合与模式有很多讲究。

戏曲现代戏服装图案与传统戏曲服装图案相比，题材相对广泛，不拘一格，任何物象与图形均可作为装饰素材。常用的图案素材有植物、几何形、文字、传统纹样、吉祥纹样等。

首先来介绍一下服装图案的构

成，主要有单独式与连续式两种。

单独式构成：
- 单独纹样
- 适合纹样
- 轮廓纹样（边纹、角纹）

① 单独纹样

单独纹样，指一个图形没有外部轮廓的限制与周围纹样的影响，能单独成立于表达的服装部位。例如，标志性单独纹样，既可用在前胸左侧，也可用在袖上臂部分，用作贴标。面积较大的单独纹样一般在下摆处运用较多，显得自由活泼（见图4-21）。

图4-21　服装上的单独纹样

② 适合纹样

适合于一定外轮廓的纹样称为适合纹样，如方形、圆形、三角、多角等各种几何形。适合纹样在表现历史剧服饰中运用较多，如表现中世纪的人物服装，披风上必须有方形适合纹样，再现清朝及唐朝服饰，方形与圆形适合纹样更是必不可少（见图4-22、图4-23）。

③ 轮廓纹样

用于便于安装而又不相连续的纹样，叫轮廓纹样，包括边纹样与角纹样。

④ 二方连续

以一个单位纹样向上下或左右连续排列，可以无限延长或无线循环的纹样，称为二方连续。二方连续在服装图案中用途极广，服装的边缘部位（如门襟、袖口、领边、裙摆、下摆）通常是二方连续图形，它以连续性

图4-22　服装上的适合纹样

图4-23　服装上的不同纹样组合

的无限扩大为特色，适合工艺制作，又有丰富的效果。

二方连续有四种骨式：散点、折线、波线、综合骨式。

戏曲现代戏服装中二方连续的图案以简洁明快为佳，因为舞台与观众的距离感决定着面积要大、线条要清晰、色彩要概括（见图4-24、图4-25、图4-26、图4-27）。

⑤ 四方连续

以一个单位纹样向上下左右四方连续排列，可以无限扩大的连续图案叫作四方连续。戏曲现代戏服装中成衣面料的画布、丝绸织印花都是这类装饰纹样。

四方连续的排列方法很多，有散点、几何、对称、连缀、重叠等，其中散点与几何最为常用。

图案的风格上有写实、写意、抽象化三种手段。

图4-24　二方连续图案在现代高甲戏《大稻埕》中女角服装上的运用

图4-25　二方连续图案在现代豫剧《灞陵桥》中关羽夫人服装上的运用1

图4-26　二方连续图案在现代豫剧《灞陵桥》中关羽夫人服装上的运用2

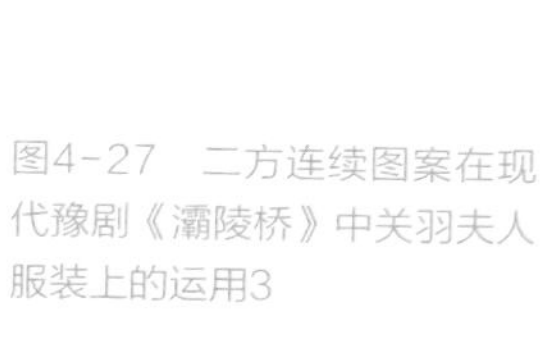

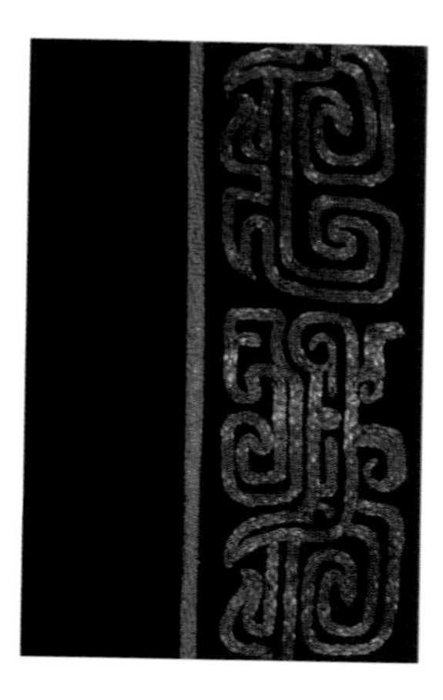

图4-27　二方连续图案在现代豫剧《灞陵桥》中关羽夫人服装上的运用3

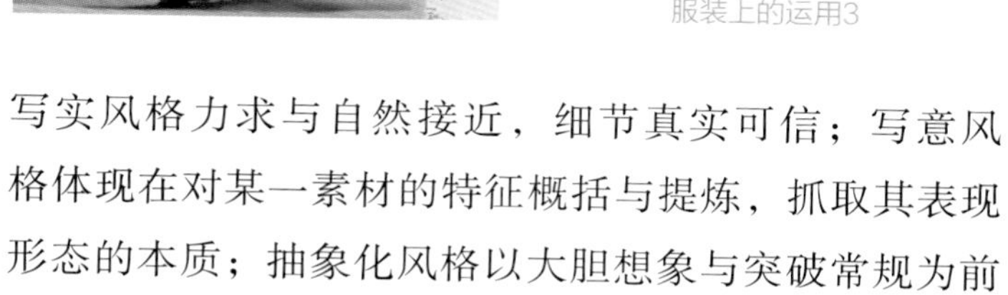

写实风格力求与自然接近，细节真实可信；写意风格体现在对某一素材的特征概括与提炼，抓取其表现形态的本质；抽象化风格以大胆想象与突破常规为前

提，强调激情与哲理性。

（2）染印

染印，是将图案粉色墨稿套色，用色浆直接印在面料上，纹样可以达到精细效果，而且色彩不受限制。

染印时深色面料需要用白色的油墨，相反，浅色的面料需使用黑色的油墨。其中，油与墨粉之间的比例也是值得考究的，墨粉过多，绣花完毕后依然会透露出粉末的痕迹，尤其白色以及其他淡色服装上，非常影响美观并且无法挽救。

除了染印工艺，戏曲现代戏服装图案工艺的种类还有织、绣、绘三种手段。

织，通过梭织或针织将图案转化为组织意匠，纹样清晰耐磨。绣，先将图案印拷在面料上（比例1：1），用色线绣制，图案有精致优美的效果，浮雕感好，立体性强。绘，用纺织染料直接在面料上绘制，具有自由随意的风格，有虚实的浓淡渗透效果。

（3）配绣

它作为整个制作流程中最为耗时的工序，也同样比较复杂，是设计师需要亲自搭配的一个过程。

绣花需要设计师对面料与绣法、针法完全了解，例如，真丝绉缎可直接绣花；化纤纱需底层再垫一层纱进行绣花；若使用真丝绉缎做马褂，需将马褂先送至成合车间进行贴衬，再绣花。

在配绣中常常用到的一种退晕针的绣法，俗称三蓝绣法。而三蓝并非只是指三种蓝色绣线，也可以是数根不同纯度明度的粉色或者绿色绣线。在配这种绣线时需要注意选用同色调不同纯度明度的丝线，例如图4-28中的三蓝绣中分别使用了白色和三种明度不同

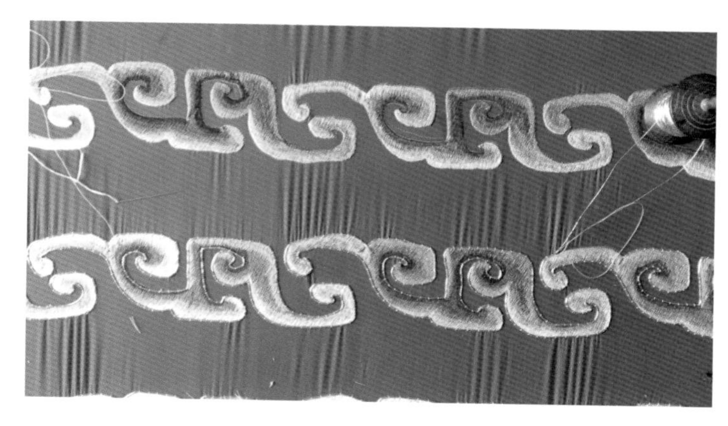

图4-28　三蓝绣法效果

的蓝色丝线。

此外，三蓝绣中丝线颜色的深浅排序，有从内到外由浅至深和从内到外由深至浅两种排列绣法。在选同色调不同明度的丝线时，有经验的设计师或绣花师傅往往会跳开一个明度选取绣线，这样所得到的绣花效果往往会更加出彩。

我们以新编京剧《驯悍记》中的配绣为例，来具体说明。

京剧《驯悍记》根据原莎士比亚《驯悍记》改编，但是故事背景转移到了中国古代。此剧目的定位是轻喜剧，所以我们撇开厚重色调的戏曲绣花配色，选用了比较清新又具有现代审美的一些颜色，并且大量使用三蓝绣法，意在凸显剧中服饰的清新雅致。三蓝绣法的丝线选配，涉及同类色的黑白灰关系，需要设计师亲自比对，太接近了没有层次，反差太大则失去了三蓝绣的味道。

剧中角色顾仁美是一位风流倜傥的富家子弟，他的绣花主配色选用了紫色同类色，体现风流雅致（见图4-29、图4-30）。

图4-29　角色顾仁美大身绣花配色

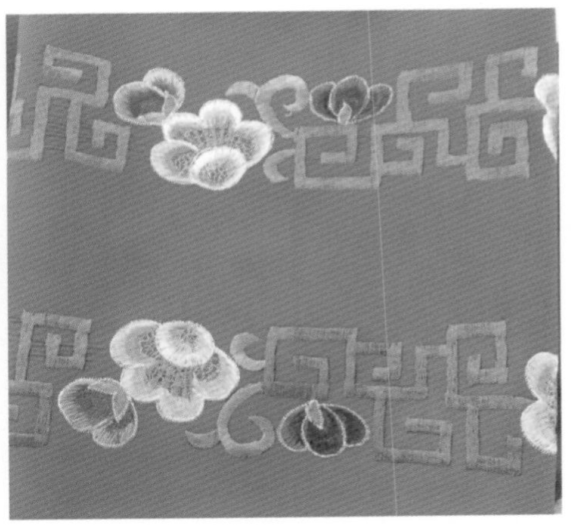

图4-30　角色顾仁美领边绣花配色

剧中另一个角色小乔是闫家的二小姐，这个角色前期在外人的眼中是一个温婉可人、善解人意的小姐，所以设计师给她配了湖蓝色一套色系的丝线，并用深色做花枝，更凸显了栀子花的轻盈秀美与活力。到中期和后期，小乔刁蛮跋扈的真实性格才逐渐暴露，其服装用色以及绣花用色变化成绿色套色和秋香套色，来对应角色性格的变化（见图4-31、图4-32、图4-33）。

图4-31　角色小乔前期绣花配色

图4-32　角色小乔中期绣花配色

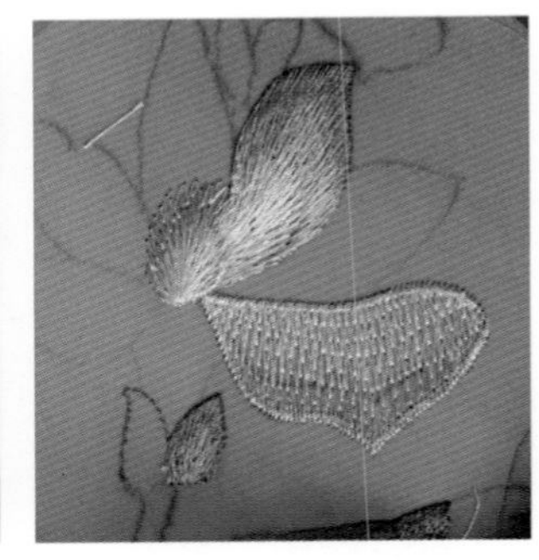

图4-33　角色小乔后期绣花配色

另外，配绣中金银线在戏曲舞台上的使用非常广泛，金绣和银绣的使用往往能令服装光彩夺目，块面使用金线绣也能起到空间调和的作用。而在彩绣外轮廓“圈”绣金线或银线往往能够起到隔离调和的作用（见图4-34）。

在戏曲现代戏中，我们也常常会在刺绣工艺上做一些创新，以达到装饰目的。例如在新编京剧《金缕曲》中，大量运用了一种叫作乱针绣的新的刺绣工艺。乱针绣主要采用长短交叉线条，分层加色手法来表现画面。针法活泼、线条流畅、色彩丰富、层次感强、风格独特。此剧中运用乱针绣工艺，意在表现一种不拘于常态，恣意洒脱的气质，与剧中想表达的文人气息相互呼应（见图4-35）。

图4-34　《曹操与杨修》披风盘金绣

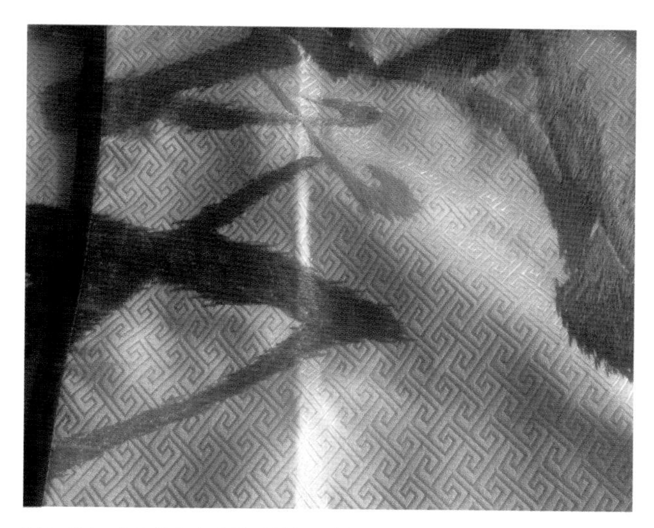

图4-35　《金缕曲》中的乱针绣工艺

（4）成合

在实际生产制作过程中，成合、缀饰以及特效等往往是密不可分且相互穿插的三个环节。

① 拼接缝合

当服装上需要绣花的工艺完成后，接下来就

可以送至成合进行制作，将每一个单独的裁片缝合成一件完整的服装。成合所涉及的细节问题非常琐碎，例如在贴色标过程中未能解决的服装滚边、嵌线的色彩、制作方式以及宽窄问题，面料厚度不足，是否贴衬或是贴哪一种衬的问题，斗篷飘带的长短尺寸问题，面料需要做压皱肌理的服装皱纹走势问题，成合前是对尺寸最后修改的机会，设计师应最后斟酌尺寸问题，腰古宽度、起皱方式和飘带的处理问题，花边的订制位置等，均是需要设计师亲自定夺的细节。斟酌这些问题的同时，需要将服装穿在立体模架上或是亲自试穿，观察在平面制作的过程中是否有忽略或是未能预见的小问题，以免盲目、重复的劳动。

如图4–36和图4–37，服装效果图中的领圈仅仅表现为一个深蓝灰色的细镶条，而制作过程中，发现刺绣的边缘并不顺滑，经验丰富的师傅会告知设计师原本的制作想法并不现实，而后设计师与其进行商讨，讨论在保证美观的前提下以何种方式才能完美呈现出设计图中的视觉效果。图4–37为处理完成的效果图片，制作者将斜领袍的领圈部位加以1寸的镶边，外边缘滚一条深蓝灰的滚边，使领圈服帖于人体，并将刺绣的外轮廓衬托出来，达到精致的效果（见图4–38、图4–39）。

这一问题是成合中常见的问题，设计师需与制作者细心交谈、结合制作者的经验与技术，解决成合中各个影响设计效果的问题。

新编扬剧《红船》中一位敲锣人的大襟上衣，由于设计师在裁剪前定衣长、腰箍等尺寸时也许对服装成衣在脑海中并无直观画面，可能需要在成合中进行

图4-36　现代扬剧《红船》中蒋雨轩服装设计效果图　图4-37　现代扬剧《红船》中蒋雨轩成衣制作细节图

图4-38　豫剧《灞陵桥》中曹操服装中的披风领，以镶白条来衬托内外纹样

腰箍宽窄的调整，要求设计师必须将服装穿在模架上进行修改，直接、方便，不易出错。剧中难民形象绑

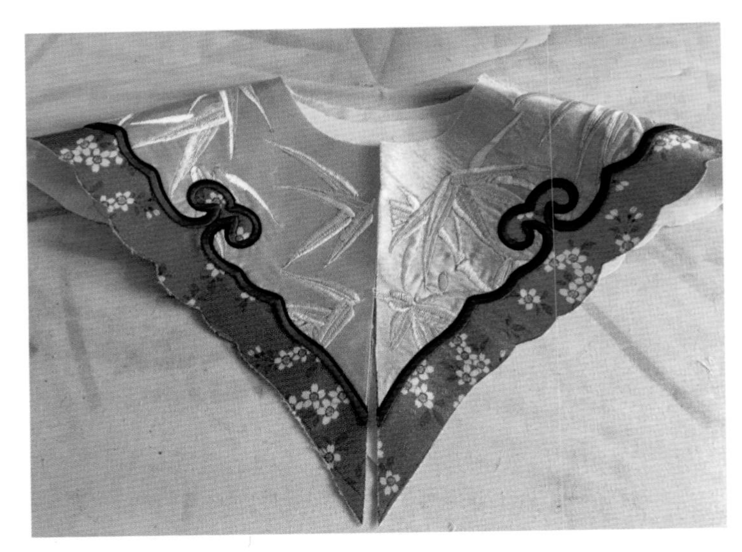

图4-39 黄梅戏《倾宁夫人》云肩

腿的制作方式，也需设计师在成合过程中不断实验、否定、修改而完成，实验公母粘扣是否牢固，使用一排还是更多，是否需要将绑腿的一端与裤脚固定在一起等问题。

② 缀饰

缀饰主要指服装成合完成后需副工制作的装饰物装钉。例如盘扣、玉佩、流苏、编织物以及珠饰等，这些皆是戏曲现代戏中较为常见的装饰种类，由于最初的服装设计图以及结构图中也许由于这类装饰物较小，并未提供完整的盘扣等饰品的款式图，需要设计师亲自到场配色或是确定款式。此过程中常见的细节处理主要有：

第一，流苏使用真丝还是棉质，以及流苏的型号尺寸；

第二，编织物的编织方式与串珠位置的结合排布，如新编京剧《徐光启与利玛窦》中吕大的腰带即为编织物，起初设计师与制作者讨论使用的是直径较粗的化纤材质绳，但成品制作完成后，效果并不理想。而后通过探讨、尝试，最终选择较细的丝线，将几根合为一股进行编织，对编织方式略作改变，显得细巧、精致，色彩较之前相比也协调稳重了许多，丝线的垂感与动感同样比化纤绳制作出的流苏编织物效果更佳（见图4-40、图4-41、图4-42）；

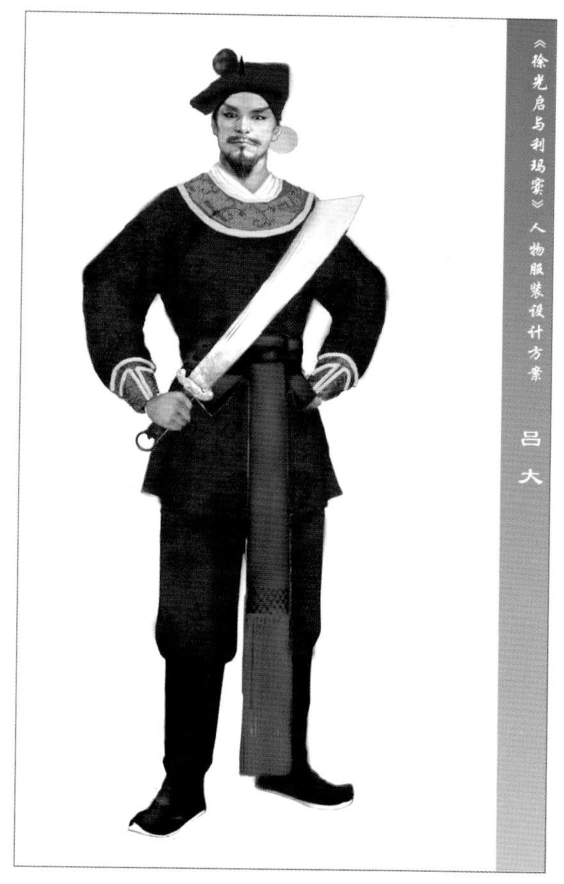

图4-40　新编京剧《徐光启与利玛窦》中吕大设计效果图

第三，玉佩颜色、款式的选择，设计师也可自备玉佩（见图4-43、图4-44）；

第四，盘扣是否采用双色，哪一个色彩放在外侧，款式造型如何；

第五，难民以及群众的补丁形态与具体位置；

第六，服装上卡线的粗细、间距宽窄等；

第七，毛边处理的服装需要怎样的造型，毛边处理程度；

第八，佩饰的搭配等（见图4-45、图4-46）。

③ 特效

特效特指服装上的肌理与做旧效果。戏曲服装设计中的起皱类肌理效果一般需在最初裁剪时完成，做旧等则需要在成合中或是最后进行。做旧的方式较多，下面介绍常用的几种做旧方法。

图4-41　吕大腰带上流苏编织物最初选用的化纤绳

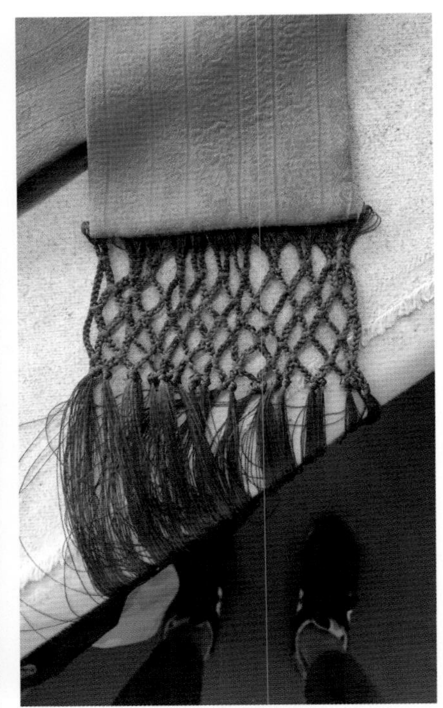

图4-42　最终使用的合为几股进行编织的丝线

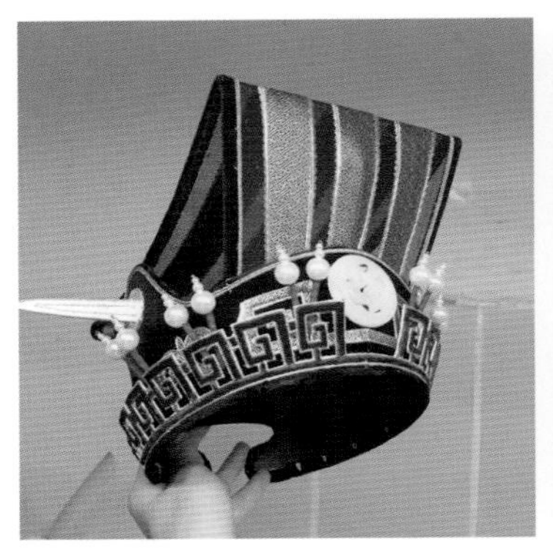

图4-43　《曹操与杨修》冠上的配圆形玉

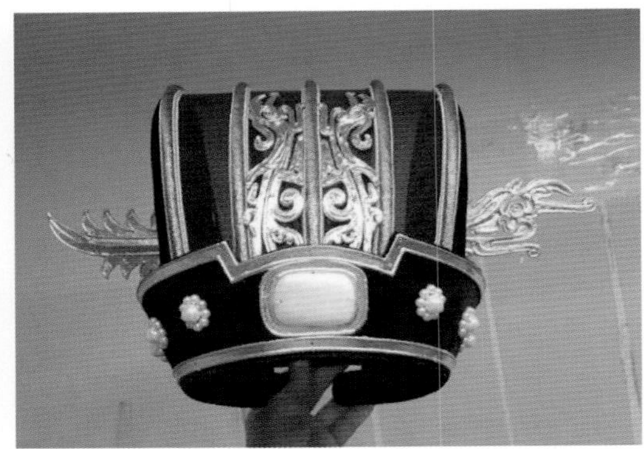

图4-44　《曹操与杨修》冠上的配方形玉

第一，高锰酸钾做旧法，通过高锰酸钾做旧的服装色彩呈现不均匀的效果，且色彩可模拟服装被阳光等风化的质感，是一种均匀整体做旧的方法，做旧程度不深，较适用于群众、百姓的服装处理。

图4-45　不同的立体塑形佩饰

图4-46　立体塑形佩饰用于腰带

第二，丙烯画颜料做旧，如现代扬剧《红船》中难民的形象，使用丙烯颜料与水调和后用刷子蘸取进行做旧的方法，可把服装做出穿着已久、脏、旧的感觉。适合于难民、贫穷百姓的服装效果。但用丙烯颜料做旧时，设计师需特别注意观察生活，积累生活常识，对服装穿着已久，什么部位容易变脏、变旧有一定了解，例如袖口下边缘、腋窝、领口靠近下巴的位置、口袋外侧边缘和对襟上衣的门襟边缘极易受到磨损，做旧时需特别注意（见图4-47、图4-48、图4-49）。

图4-47　难民服装利用丙烯画颜料做旧效果1

图4-48　难民服装利用丙烯画颜料做旧效果2

图4-49　难民服装利用丙烯画颜料做旧效果3

第三，砂洗做旧法，其做旧呈现出不均匀的色彩效果，服装整体会出现磨毛的肌理效果，适于大批量平民服装的做旧，做旧是一种艺术精致的呈现手段，为塑造角色服务。

四　第四工程

1. 试装、修正

试装是一部戏制作完成后，各部门合成前的必要检验过程。试装不仅包含给演员试服装这一过程，还囊括了一个小环节——修正，修正是试装的后续收尾工作。试装的前提是服装根据设计师的构想按时制作完成，所有设计师监督制作方完成自己设计构思的现实体现的同时需要注意时间上的分配。服装在制作过程中，尺寸容易出现问题，所以首先需经演员试穿，在试穿过程中，会发觉什么地方太长或什么部位太紧，或是演员穿着不够便捷不符合抢装的时间要求，要将不合角色形体的地方进行调整。其次，有不利于表演或不能很好地体现设计意图的地方，在此一阶段可以进行调整。

整体调整最好在彩排之前完成，调整也包括听取导演、演员及其他部门的意见，但设计师需以专业的角度对待演员穿着服装呈现效果的问题。在试穿过程中出现的问题都要一一记录，有条不紊。

在试穿过程中记录的服装问题都要依次反馈给制作者调整。在修正过程中要求制作方采用拼接、裁剪等手法，细心耐心地解决每一个小问题，以保证服装在下一环节中呈现出较令人满意的效果。

2. 合成

试装修改之后，接下来迎来的是演员以及各部门带装彩排，设计师入观众席对所有服装的实际舞台效果做一次检验。此时服装、头饰、鞋靴及手持道具形成一个整体组合，并且与布景、灯光相结合，实现一个整体效果。设计师更多的是需要坐在观众席中留意整体效果是否协调、演员自己穿着服装是否有整理不到位之处，将之记录下来并迅速与制作方以及演员自身进行沟通调整。

原则上此阶段只做小的调整，不必再做大的改动。

另外，合成阶段还需重视的一个问题是服装换装与抢装，这需要服装助理和演员共同协作，快速适应。

3. 采集

公演之后，同行或观众也会对服装提出褒贬不一的看法，设计师应努力听取各方面反映，反思整体的设计方案，聆听、学习、接纳、改正，对不足之处再做修改，以利今后创作借鉴。

第五章

Chapter five

戏曲现代戏服装设计风格

在当今舞台上，有歌剧、话剧、舞剧、音乐剧、哑剧、戏曲、广场庆典、小剧场戏剧等各种戏剧种类及不同体裁，它的多样性必然导致戏剧演出形式的多样性，其中既有导演的不同风格要求服装与此相适应，也有一批杰出的艺术家和服装设计师，他们敢于探索，其标新立异的设计才华，为戏曲现代戏服装创造了一个多样性的世界。

一　设计风格

戏曲现代戏服装风格样式，指角色外观形象创作中不同的服装特色，包括运用各种艺术表现技巧，在所创造的服装形象中体现设计的品位、时代、流派、戏剧目的等方面的要求。在戏剧创造中，风格样式经常被提及，客观上创作者在戏剧活动中总是贯穿着某种风格，并通过样式来实现风格的价值。

戏剧服装的风格样式涉及绘画、建筑、雕塑、纺织学、服装史学，又受到戏剧艺术的制约与控制。戏剧涵盖了古今中外各个时期和地区，种类和形式是千差万别的，分类的标准与角度不同，戏剧的分类也就必然多种多样。种类上有话剧、歌剧、舞剧（芭蕾舞与民族舞剧）、戏曲，体裁上有喜剧、悲剧、正剧、闹剧、情节剧、青春剧、儿童剧，风格上有写实、写意、抽象等，这些不同的种类与体裁均以一定的风格样式表现出来。戏曲现代戏作为传统戏曲衍生出来的新的戏剧种类有其独特的服装形式语言，大致可以归纳为写实性处理与非写实性处理两大类型。写实处理是以其在舞台上再现现实的史实性形象，让观众真切地感受真实的生活面貌，并使之与剧中人物亲切融合，从款式到面料、配件到工艺等所有方面，都着眼于写实；非写实处理，也可以归结为象征与写意类，主要根据各自的主张与意念，用强调、舍弃、浓缩、简化、变异、纯样式造型等方面，来创造表现各种意念的形态。

戏曲现代戏服装设计师无论运用表现与象征或写意与写实，均不能脱离一个原则——角色服装形象构成必须以剧目所表现时代的现实状态为根基，在这个前提下再谈及设计师的风格定向。服装风格在剧目中的运用还必须与演出总体风格协调同步，这个协调包含服装形象的构成手段、材料、工艺，达到与舞台空间的协调同步，最终与剧本风格、导演风格默契和谐，使整体剧目在风格样式上浑然一体。

从表5-1中可见，戏曲现代戏服装的风格样式与生活服装设计不同，生活服装设计强调设计师个人艺术情感的表达，以反映时潮与流行为准则。戏曲现代戏服装设计师在设计中，无论采用何种风格样式，均不能脱离过去与现代、本土与异国生活服装的线索，它是创造的前提和素材来源。

表 5-1　　戏曲现代戏服装风格类型列表

时代	写实主义		浪漫，煽情	幻想		超现实主义
生活	自然主义	写实·再现	选择现实主义	印象主义 表现主义	抽象	纯抽象
自然	写实主义		古典主义	新古典主义		形式主义

二　设计手法

1. 写实手法

戏曲现代戏服装设计手法中的写实手法，指服装的样式以史实为依据，客观地反映剧目所表现时间与空间的生活形象，具有“博物馆意识”的特征。设计中从造型线到装饰图案，从材料运用到工艺特点，从色彩到质地等，力求准确与贴切，在现实主义剧目及史实性剧目中常常运用。

写实风格的服装，遵循史实与具体性，所表现的形式是忠实地再现生活的一个片段，对服装的要求是强调写实的物理环境，对时代、季节、地点、气氛、性格、类别，贯彻现实的具体性且身临其境的造型为原则。现实主义戏曲作品中的服装表现，需力求服装形象客观再现世态民俗与现实环境，并通过类型化的款式给角色生命力，大至式样结构，小至微观局部或细节装饰，客观真实，带有严格的考据，并与戏剧人物要求的性格化结合。为此，不能只求考据与史实而成为博物馆式的陈列，应结合角色的要求给予性格类型的揭示，将史实形象合理贴切地分配。

写实手法并不是把生活的服装原型直接搬至舞台，而应该比生活的原型服装更高一个层面。一位知名导演曾经讲过这么一句话："戏曲现代戏的服装应该比生活提高一层。"这里的"提高一层"是指在款式、色彩、工艺等方面略加艺术表现的升华，既符合生活真实，又有舞台造型的角色艺术感。例如现代越剧《燃灯者》，该剧根据上海司法改革领衔人物邹碧华的事迹改编，表现共产党员邹碧华的真实案件及当代知识分子家庭的情怀。剧中邹碧华在居室内一场的服装最初用了生活中常见的灰色羊毛衫，后来选择了一件淡米黄灰色的宽松款坎肩，与白衬衫搭配，舞台上显得明快、清新、雅致，既符合家居生活装的规定，又达到了对艺术角色塑造的升华。写实手法中的"提高一层"概括起来说，是款式上忠实于生活原型略加夸张廓形；色彩上比生活原型更鲜明；材质肌理上比生活原型更强烈。例如，大型现代吕剧《回家》讲述了山东籍台湾老兵几年间奔波于大陆和台湾之间，帮助

图5-1　大型现代吕剧《回家》中女主角叶子的服装，以写实手法分别揭示20世纪40年代至80年代几个不同时期的生活面貌

图5-2　大型现代吕剧《回家》以20世纪40年代山东胶东地区生活作为原型

图5-3　大型现代吕剧《回家》以20世纪80年代台湾老兵生活作为原型

百余位老兵落叶归根的故事，整部剧充斥着台湾老兵思念故土和亲人的强烈情感，洋溢着浓厚的“家国意识”和“国土情怀”，服装设计严格遵循写实手法，强调地域鲜明及年代准确（见图5-1、图5-2、图5-3）。

2. 写意手法

戏曲现代戏服装设计手法中的写意手法，指角色的服装形象并没有明确的史实性，而追求服装形象的寓意与舞台气氛，通过假定、意指的处理，使观众获得联想与暗示。如绿、蓝、黄、白表达春、夏、秋、冬。服装的写意象征具体表现在款式概括简洁、形态轮廓抽象化，在松紧、长短、曲直、透与不透、明快与低沉、开放与封闭、符号化与图腾式中变化；装饰单纯而洗练，省略装饰细节与附件；色彩带有象征性。

写意的处理，即所谓的“象征”，指服装这个具体可感的符号来代表剧中某种抽象观念及某类事物，在神秘、朦胧、多向指示中暗示剧目的环境与人物的性格，尽管局部与细节不完整，但意在创造或营建一种诉诸直觉的气氛，如恐惧、浪漫、怪异。上海大剧院与上海京剧院创作的新编京剧《金缕曲》，改编自话剧《知己》，讲述了清代才子顾贞观等候知己吴兆骞20年的故事。该剧的音乐融入了昆曲、戏歌等元素，所以在服装设计中，与永乐水墨画、篆刻等传统元素结合。其中，顾贞观的服饰纹样，以书法作为元素，加以变形，构成抽象符号，营造出文人的价值情怀。服饰的款式结构是写实的，装饰纹样是写意的，再配合乱针绣的绣花工艺，表现了抽象的符号概念（见图5-4、图5-5）。

图5-4 现代京剧《金缕曲》中主角顾贞观服装设计图

图5-5 现代京剧《金缕曲》中主角顾贞观演出剧照

对待写意与象征的表现，在服装上要把握一个准则，突破某个时代的历史轮廓及民族的传统服饰束缚，在此前提下强调表现的主观性与直觉，款式多已变化及简化，服装成为揭示剧中人物心态的符号。

3. 抽象手法

戏曲现代戏服装设计手法中的抽象手法，与写实、写意、中性等内容不同，指形象创造中结合剧目的表现与荒诞处理的要求，撇开非本质属性，形式表现强调变形与简化，表现人物内心的潜意识活动，在直觉与梦幻、形态离奇、变化突兀中，进行服装非个性化，突破生活表象而直接显现内在实质的变形与处理。例如，为表现主义戏剧与荒诞戏剧设计服装，经常借用这种风格来达到人物非个性化、符号化、简化变形及超脱现实、摆脱理性的非常规处理。大型现代淮剧《武训先生》中，男主角武训梦见情人梨花是一场戏中戏，其中的鬼怪形象运用了抽象的手法，在传统戏曲的基础上做了抽象化的处理，廓形夸张、色彩浓烈，共同塑造黑白无常与小鬼判官的荒诞形象，表现了武训先生思念情人梨花的内心潜意识（见图5-6）。戏

图5-6 《武训先生》中“黑白无常”服装设计图

曲现代戏服装设计中的抽象并不是任意的臆造，而是必须贴切角色的规定来处理设计，变形有解释，夸张有尺度，一切以塑造生动的角色形象为准则。

三　设计规律

传统剧有一套完整独特的服装体系。戏曲现代戏在表演艺术上还没有一套完备的程式，因此戏曲现代戏的服装多汲取话剧、歌剧服装的创作原则，源于现代生活并加以提炼加工，注意适应和帮助表演艺术新程式的创造。戏曲现代剧服装的色彩运用应区别于话剧和歌剧，而同各自不同剧种的音乐特色、地方特色、表演风格相协调，或强烈（如秦腔），或轻柔（如越剧）。戏曲现代戏服装设计的规律，本质上是既对传统有所突破，又对传统保持继承。

戏曲服装艺术发展的内在规律可总结出以下三点。

第一，戏曲现代戏服装是模仿生活的服饰，艺术需要对生活加以概括、提炼和加工，但这种概括、提炼和加工是有条件的，也是有阶段性的。戏曲现代戏早期称为时装戏、时装新戏、西装旗袍戏。现代剧目中，已经不见了传统历史剧目中的服装款式——“蟒”、“帔”、“靠”、“褶”、“衣”，但是戏曲服装共通的三大美学特征依旧存在，那就是服装的可舞性、装饰性、程式性。

第二，传统的力量是无比巨大的，起主导作用的是根深蒂固的传统观念。作为民族传统艺术之一的中国戏曲的现代发展，其艺术发展始终受民族传统艺术观念的支配。在这种支配之下，戏曲现代戏服装的“写意”美学原则、意象创造方法，以及夸张、变形、寓意、象征四大艺术手法，可舞性、装饰性、程式性三大美学特征，必然成为嬗变中的恒定性因素。

第三，一个时代有一个时代的服饰审美观念。生活中的时代审美观念自然反映到戏曲服装中。尤其是在当今全球化且相对开放的世界中，不断进行的是以自身特色为标准的吞吐与扬弃，促使传统艺术元素不断重新排列组合，在形式美整体稳定的状况下，显示了一定的时代美。

事实上，对于传统精华的弘扬，对于传统糟粕的抛弃，一直存在于戏曲服装艺术的发展长河之中。对传统的不断扬与弃，正是戏曲服装艺术发展内在规律性的一种表现。

附　录

Appendix

戏曲传统服装程式

传统的戏曲服装设计是运用程式。我国戏曲服装历经宋、元、明、清四代，几经演变才形成了今日的衣箱规制，演员装扮按一定的程式进行，它与其他戏剧服装不同，是根据剧中人物的身份、年龄、品格予以典型化的装扮（亦称“行头”）。

在传统戏曲表演中，什么样的人物穿什么服装是观众在欣赏过程中长期的积累，成为约定俗成的程式规则。例如，演清朝戏穿明朝服装并没有错，可是扮演一个七品县令，应戴纱帽、穿官衣，而不能戴相纱、穿蟒袍。可见，“宁穿破，不穿错”是戏曲服装的信条。以京剧为例，基本形制为蟒（袍）、靠（甲衣）、褶（斜领长裙）、帔（对襟长袍）、官衣（盘领袍）。戏曲服装扮相中的头饰、盔帽、髯口、靴鞋、佩饰及化妆、脸谱均按规律行事。色彩上也是性格化处理，红色为忠诚，白色为奸诈，黑色为刚强，黄色为智谋，蓝色为勇猛，绿色为鬼怪，金色为神仙，等等。装饰图案以花卉图案为主，构成骨饰多样，有独立式、适合式、角隅式等，绣工讲究精细。

传统戏曲服装的程式特征对于戏曲现代戏服装设

计如何保持戏曲本体相当重要，传统戏曲服装的程式也是创新设计的依据与素材。

一　形制的五大类

传统戏曲服装的形制有蟒、靠、帔、褶、衣。

蟒指蟒袍，是帝王将相及女官的官服。分男女两式，男蟒为圆领、大襟、宽袖（带水袖），长度至足，下摆秀水纹，缎底上分别绣有各种蟒形纹样（与龙纹相似，只少一爪），女蟒与男蟒大致相同。

靠指武将所穿的铠甲，也称甲衣。圆领、紧袖，全身分前后两片，用金银丝绣满蟒纹。前片腹部处略宽，绣有一大虎头，称靠肚。两肩成蝶翅状，胸前有护心镜，双腿外侧各有一块护腿靠牌，也称下甲。靠有软、硬之分，背部扎有背壶，插四面三角形靠旗的称硬靠，不插靠旗的称软靠。女靠在靠肚下有两三层彩色飘带，比男靠有装饰性。面料以锦缎为面，绸缎为里，内衬丝绵。

帔是帝王及达官显贵所穿的常服，对襟衣领，宽袖（带水袖），胯下开衩，缎面绣花，以服色与绣花图案来区分年龄与身份，男子以团花为主，女子绣花草。

褶亦称褶子，是一种家常便服，有男、女及硬、软之分，男褶大襟交领，衣长及足，左右胯下开衩，宽袖（带水袖），女襟对襟小立领，衣长过膝，内穿长裙。

衣亦称素体衣，用于短打武生行当的江湖英雄或反面人物，一般用黑缎制成，在前胸及腋下缀有密排的白色纽扣，起黑白对比的装饰作用。

戏曲服装中不属蟒、靠、帔、褶的服装，也统称为衣。

二 配色规律

鲜明、悦目、刺激、活泼是传统戏曲服装的配色特征。

色彩配置规律有强烈对比、巧妙调和、表情达意。强烈对比和巧妙调和具有装饰功能，表情达意具有指示功能

强烈对比有色相、明度、纯度、面积四方面。例如黄靠用蓝色镶缘装饰、绿底坎肩用红花装饰。

巧妙调和指黑白灰中性色隔离，金银光泽色调和。例如白水袖、白护领、白靴底的“三白”与服装调和。

表情达意指色彩象征权力、人格、性格、年龄、身份、气质、情境。例如明黄表示皇权，绿色表示忠义，黑色表示刚正粗犷，红色表示豪爽，白色表示年轻，红色表示吉庆，秋香色表示年老。

三 纹样特点

运用五大类：

（1）传统纹样（青铜器龙纹、瓦当、龙纹、凤

纹、鸟纹，兽纹——虎、狮、象、豹、麒麟，云纹、蟒水纹、花纹）；

（2）民间吉祥纹样（双龙戏珠、凤穿牡丹、岁寒三友、四君子、如意、五蝠捧寿）；

（3）宗教纹样（太极八卦、万字、八吉祥）；

（4）文字纹样（兵、卒、佛、勇、寿）；

（5）象形纹样（火纹含鬼火，用于鬼卒衣）。

纹样布局：

（1）“满地”花——靠，宫衣表示身份高贵；

（2）“点”花——帔，团龙团凤，表示权力与庄重；

（3）“角”花——花褶，表示平民身份；

（4）“散”花——自由布局，表示性格豪爽与气质豪迈。

四　装饰工艺

有绣花、手绘、贴布、染等手法，特别注重绣花。

绣——强调平、齐、细、密、匀、顺、和、光（光泽）；

彩绣——强调性格娴静，容貌秀美，气质优雅；

金绣——强调粗犷，威武彪悍，用于武将的靠；

混绣——强调彩绣加圈金绣，表示身份地位的高贵。

五 常用面料

1. 缎类：大缎、软缎、皱缎、织锦缎（花缎），用于帔、褶等。

2. 绸类：塔夫、春绸，用于女装。

3. 纺类：电子纺、杭纺，用于水袖等便于抖动。

4. 锦类：织锦缎、古香缎，用于缘饰。

5. 绒类：乔云丝绒、香云纱（丝绸中最薄的），越剧服装常用。

六 服装配髯口

与传统戏曲服装相配的髯口：文武老生用“三髯”；生角的净正面人物用“满髯”；下级官吏、中军、家院用“二涛髯”；架子花脸用“扎髯”配同色耳毛；戴盔的丑用“短扎髯”；武丑用“二挑髯”、“一戳髯”；文丑用“八字髯”、“丑三髯”、“吊搭髯”、“四喜髯”。除了花脸用的“满髯”和“扎髯”颜色比较多，其他都是分黑、白、黪（灰黑）三色。“水扎髯”用于性格刚烈的净；“司马师髯”司马师专用；“金牛星髯”金牛星专用；“阴阳髯”判官用；“二字髯”粗鲁或不蓄须的僧人用；“一字髯”净、丑都可用；“五柳髯”为真人毛发制作而成（其他都是犀牛毛）。还有些改良髯口，如海下套髯、斗腮髯等。

传统戏曲服装的三大美学特征

传统戏曲服装的三大美学特征，在理论界有诸说。这里以龚和德的理论概括为依据，仅在提法上略有变通，称可舞性、装饰性、程式性。

一　可舞性

“可舞”，从字面上看，就是可以舞动的意思，指服装经过特殊的艺术加工后，可以舞动，并且舞得很美。古人云“长袖善舞”就包含了这两层意思，说舞者的衣袖很长，利于舞蹈，还能有助于舞者形成优美舞姿。需要指出的是，“长袖善舞”中的“舞”，是特指古代舞蹈（或歌舞），而不是后来的戏曲（以歌舞演故事）中的舞——这两者必须严格区分开来。

那么，“可舞”的深层次含义是什么呢？戏曲客观实际表明，戏曲表演艺术形态的成熟，是与重视服装作用有关的；演员塑造人物是一种意象创造，性格、品格、气质的体现，一是靠自身的语言、唱腔、形体动作，二是有赖于服装、化妆等外部因素的辅助和衬托。表演艺术形态一旦成熟，被赋予了表情达意功能的服装自然也随之成熟并定型，就此密不可分。表演与服装的关系紧密到了什么程度？已紧密到水乳交融，成为一个艺术整体。演员表演人物，喜、怒、哀、乐在他的面部、语言、唱腔和形体动作上，同时，喜、怒、哀、乐也表现在服装上，服装犹如一张放大了的脸，可以被演员“舞”出喜、怒、哀、乐——这就是“可舞性”的深刻内涵。

我们可以对比一下舞蹈和舞剧，虽然它们的舞衣对表演也很重要，但负载绝没有戏曲表演那么多，它们用的是独特的“舞蹈语汇”，即通过形体表现喜、怒、哀、乐，换句话说，就是演员的四肢即一张放大的脸。

在戏曲表演基本功里，与服装相关的有水袖功、翎子功、帽翅功、靠旗功、跷功，与化妆有关的有甩发功、髯口功等。在戏曲表演艺术家的手中，服装的大部分都是可以利用来表演的工具，不仅是服装的部件（水袖等），服装整体更是如此。譬如蟒可以“撩”、靠可以“飞”、褶可以“踢”……

那么，服装为什么会成为可以舞出情感的工具呢？概括来说，这是由于设计构思与工艺体现的巧妙，其中涉及形式美要素。

服装形式美由线、形、色、质等外形因素及其有机组合构成，形式美法则有多样统一、平衡、对比、对称、比例、节奏、宾主、参差、和谐等方面。在现代的艺术学体系完整构建起来之前，我国历代的艺术家和民间艺人实际上正是依照上述形式美法则，创造了无比璀璨辉煌的民族传统艺术（包括戏曲服装艺术在内）。对于戏曲服装，创造者们从“可以舞出情感”的特殊要求出发，提炼出延伸、宽松、分离、悬垂、颤动、增扩、放射等一系列特殊的形式美要素，正是由于这些形式美要素的共同作用，才使得服装能“舞出情感”。上述形式美要素普遍存在，如表1所示：

表 1　形式美要素及其主要体现

形式美服装	服装				化妆
	戏衣	盔头	戏鞋	饰品、辅助物	
延伸	水袖				甩发线 尾子
宽松	蟒、帔、靠三褶、衣（大部分）				
分离	靠				
悬垂	飘带	飘带、流苏、珠玉带、悬垂飘带稿、牵巾、狐尾		玉带、鸾带	髯口
颤动		翎子、纱帽翅、颤动珠子、绒球			
增扩		冠、盔、帽、巾	厚底靴	胖袄	
放射	靠旗	翎子			

（转引自谭元杰《戏曲服装设计》，文化艺术出版社2000年版）

从此表中可以看出，全部形式美要素都是款式上的，所以，可以说，戏曲服装的可舞性，表现于款式。在七种形式美要素中，除增扩、放射作用于表现气质，其他五种（延伸、宽松、分离、悬垂、颤动）既表现气质，又表情达意，以表情达意为主。

1. 延伸

水袖是衣袖延伸形成的。长衣袖的制式以长为特色，因其长，就利于舞，在表演上被规范出多达数百种舞法（程砚秋先生概括为勾、挑、撑、孙、拨、扬、弹、甩、打、抖10大类），成为戏曲歌舞化表演中夸张、传神的主要表演语汇之一，强烈地外化角色性格及心理、情绪。化妆上的长甩发、长线尾子与服装上的长衣袖相协调，也极力追求延伸。延伸实质是角色手势的夸张与放大，是内心世界的视像化。

2. 宽松

蟒、帔、靠、褶、衣类中的长衣，几乎全部是宽松式的服装制式，平面裁剪，不讲究裁剪，不讲究“称身适体”，同时，又都有高开衩，甚至四面开衩（如箭衣）。就大部分戏曲服装要求的宽松而言，也可将戏曲服装概括为“宽松式服装”。如宽松利于蟒的“撩”、“踢”、“抓”等表演动作，川剧生角的褶子开衩就特别高，因此能让演员做出“踢褶子”的优美动作，来外化内心的激动情绪。

3. 分离

服装的前、后衣片不缝合，自成一体，前后片绾结于腋下，下身以绳带系结于腰部，以靠为典型，它在表演上的作用和审美意义，前面已讲过，兹不赘述。

4. 悬垂

绝大部分饰物不是纯粹的装饰，主要目的在于通过夸张、变形的处理，使之产生悬垂（或悬挂），便于自然飘动，利于演员借助它们进行表演。如服装的飘带、鸾带、流苏、珠穗、牵巾、狐尾，化妆上的髯口，大多都被用作表演工具。玉带属于悬挂，是悬垂的另一种形式，经常被用作“端带”的动作造型，表示气质庄重。由于悬垂物多，可以将戏曲服装称为垂直线最多的服装。

5. 颤动

盔头上的饰物，极讲究可颤动——颤动最能外化心理情绪。珠子、绒球、纱帽翅等，因为是用细小弹簧支撑，极易颤动。在演关羽刮骨疗毒一场戏时，演员神态自若，却让盔头轻轻摇动，令珠子、绒球轻轻颤抖，飒飒作响，外化了角色的痛感这种艺术真实，出神入化地表现了关羽忍痛刮骨的大勇精神。纱帽翅颤动的学问最大，有双翅颤、单翅颤两类，又分上下颤、前后颤、旋转三种，能外化角色的多种心理情绪（激动、狂喜、焦虑、彷徨）。《杀驿》中吴承恩处于生死关头的激烈思想斗争，就是通过帽纱翅颤动而表现出来的。另如盔头上的翎子，因其柔韧性强，用于《群英会》之周瑜，随动作而飞舞，表现了一股“骄狂”之气，用于《小宴》之吕布，通过双翎一上一下的颤动，传达出他急切盼望美女貂蝉的焦急心情，待到与貂蝉相见时，用手将一根翎子刮向貂蝉下须，通过这“以翎代手”的调情动作，艺术地表现了吕布的贪色品格和轻浮气质。

关于增扩和放射这两种形式美要素，一是从横向上加宽角色身材，二是从纵向上加高角色体形，都属于表现人物气质的装饰性范畴，留待下面去讲。

现在，我们可以对可舞性做如下总结：可舞性主要表现在服装款式上，由于款式具有内在的“可以舞出情感”的一系列形式美要素，服装的静态美与动态美有机融合，使服装成为服从表演，有利表演的重要工具。鉴于戏曲服装以上述独特形式塑造戏曲人物外部形象，所以，可舞性成为戏曲服装的显著美学特征、第一美学特征。

对于延伸、宽松、分离、悬垂、颤动、增扩、放射七种形式美要素，为便于记忆，还可以进一步高度概括为这样七个字：长、松、离、垂、颤、宽、高。

二 装饰性

装饰性是美学词汇。美学辞典释义的装饰性，主要指实用艺术中的艺术成分。它通过造型艺术的一些技巧和手段，使艺术品具有一定的审美价值。

装饰性既包含了装饰图纹，又包含了装饰图纹的依附物（载体），所以，“装饰性”是一个含义很宽的整体性概念。

作为实用艺术范畴的戏曲服装，其“装饰性”表现在四个方面：款式、装扮、纹样、色彩。鉴于这四个方面的装饰性内容在第二章中都有所涉及，所以不必再具体讲，只需要做一种综合性的介绍。

戏曲服装装饰性的审美价值，有下列三点。

1. 突出神韵

戏曲表演艺术以优美的程式动作与程式运型，塑造了极具神韵（本质特征鲜明生动）的戏曲人物形象。要求服装及化妆紧密配合，以突出人物的神韵。为此，戏曲服装上致力于服装的装饰性。

（1）宽袍阔袖尽显神蕴之美

戏衣的宽袍阔袖，在款式上确立了极强的装饰性。蟒庄重威严，靠壮丽威武，帔潇洒明快，褶大方质朴，用于不同阶层的正面人物时，均展示了一种超脱生活、超越自然形体的精神美，展示了角色的精神力量。

（2）盔、靴、胖袄衬托形象高大魁梧

盔头讲究高，靴底讲究厚，这是装饰性的另一种重要表现，具有“拔高”人物的形式美感，作为内用辅助物的胖袄，是“撑”起宽袍之所需，更主要的是垫宽肩部，具有“增扩”人物的形式美感。纵向和横向的装饰性，把人物的外部形象衬托得高大魁梧，从而更加强烈地突出了民族气质的“神韵”。

2. 整体和谐

在服装的装扮上，在服装与化妆的关系上，体现了人物外部造型装饰性的统一美、和谐美。

戏曲服装中依靠组合来完成造型的是靠衣，它是由一片片穿着而成的特殊装扮，通过相互之间的“扎”来“扎”出扩张放射的威武之气；抱衣需要“束”（即以绦绳束胸），“束”出灵巧轻盈的潇洒之气。

服装和化妆都一致强调纹样装饰，施于服装的刺绣纹样，施于面部的油彩纹样，都强调夸张化，色彩艳丽，对比强烈。服装与化妆浑然一体（同时也与整个舞台上的装饰纹样相融合，达到戏曲舞台的整体统一）。

3. 褒善贬恶

根据戏曲人物善恶分明的特点，服装上特别注重装饰的倾向性，在装饰纹样、色彩上寄寓褒贬，褒善贬恶，褒善用装饰，贬恶也用装饰。同情善良人物苏三，让她穿的罪衣裤是鲜艳、洁净的，面庞是俊美、秀丽的，连刑具也是银的，有纹饰的。贬斥丑恶人物高衙内，让他敞穿满绣红、粉花朵的绿褶子，同样是纹样装饰，却鲜明显示了浮艳堆砌，让人一眼就洞穿这种丑类的卑劣品格。装饰中渗透着艺术家进步的倾向性。龚和德说得好："装饰性是为了区别生活的自然形态，是为了美，但只有同生活的真实性、同艺术家对生活的正确评价即进步的倾向性相结合，才是一种真正的美，才能真正满足观众的美感要求。这是中国戏曲一个好传统。"

三 程式性

大家可能已注意到这样一个特殊现象：我们在讲述每一种服装时，都附带涉及它是由什么人穿的——这与服装学上的叙述方式有着根本区别。讲款式品种，必须同时联系穿用对象，这就是戏曲服装表述上所特有的"款式程式并举法"，它标志着我们对程式性所应有的高度重视。

"程"，本来是我国古代度量名称，又是古代容量名称。"程"这个词汇很早就被转义而用于意识形态领域。《荀子·致仕》中云："程者，物之准也。"这就是说，"程"即是事物的准则，具有度量客观事物和树立行为规则的含义。"程"与"式"联用（标准的法式），即含有规范化的含义，最早用于古代文学艺术。

程式作为一种规范化的表现形式，用于古典诗词，就是“格律”；用于古典绘画，就是由工具而引申转义的“笔墨程式”；用于古典戏剧，则直呼“戏曲程式”。因戏曲是编、导、表、音、美等诸构成要素组成的综合艺术，故各部分都有程式的特称，在表演上称“行当表演规制”，在音乐上有“声腔规制”和“锣鼓经”，在舞台美术的服装上就叫作“穿戴规制”。

程式在戏曲中普遍、广泛地运用，这就构成了戏曲的重要艺术成分，因此就具有了程式性。程式性是中国戏曲的整体美学特征之一，同时也是戏曲服装的重要美学特征。

戏曲服装程式性内涵，可概括为下列四点。

第一，从类型出发到个性表现的程式。服装中应用最普遍、广泛的蟒、帔、靠、褶四大系列，从应用角度上看，是类型化服装。蟒是帝王将相等高贵身份人物用于隆重场合的礼服，帔是帝王及后妃·官臣豪绅及其眷属用于闲居场合的常服，靠是正规军或非正规军男、女武将用于战斗场合的戎服，褶是中、下层社会人物用于普通场合的便服。据此，可以说，戏衣中的蟒、帔、靠、褶分别是身份与场合结合的礼服、常服、戎服、便服。这四种类型的服装，在表现历史题材的剧目中，覆盖了封建社会上、中、下三个大的社会层面，显示出独特而非凡的艺术概括力。另外，衣类中的长衣和短衣，同样是身份与场合结合的类型服装。

戏曲服装程式性的应用，遵循着两个法则：

其一，从类型出发，即按照表演行当所规定的人物类型，与类型服装相对应，使用相对应的服装种类及其具体品种。

其二，装扮上求个性，即通过不同的服饰组合及其变化去追求个性表现，使人物在规范美感中，充分显示个性美感。

所以，戏曲服装的程式就称为从类型出发到个性表现的程式。

第二，将古代生活中的舆服制度概括为戏曲特定的穿戴规制。历代舆服制度对各阶层的人在不同场合下的服饰有着严格的规定，那是封建专制社会强制下的有序化，也可以说是宏观的服饰规范。几千年的王朝更迭，舆服制随之更变，形成了浩如烟海的不同时代的古代生活服饰，积淀得极为庞杂。戏曲服装艺术在最初也走过生活化的道路，但是在后来，随着表演艺术上行当表演体制的确立，戏曲艺术形态的趋于成熟，戏曲服装也逐渐步入“对生活自然形态进行艺术概括”的轨道，通过长期的探索，不断强化形式美，最终才概括成一套有高度艺术真实的穿戴规则——它只属于戏曲服饰。

第三，程式在稳定中不断发展。正如戏曲表演一样，服装的程式也是既有稳定性，又有随机性，稳定是相对的，而发展变化则是绝对的。程式在稳定中不断发展，原因是多方面的，有政治的、经济的、文化的，尤以审美观念的影响最为显著。在一系列外因的作用下，通过创造者的主观努力，为不断塑造新人物形象，而不断推动着程式发展。程式的发展是不断追求性格化的过程，利于表演又符合角色塑造的服装，渐渐成为一种新程式为大家运用。

第四，程式在应用、创造两个系统中起作用。一般说的“某服装应当用于某人”，既是应用系统中的概念，又是创作系统中的概念。对于演员和箱倌，谙熟服装应用程式（穿戴规则）是为了正确使用；对于设计者，谙熟服装应用程式才能正确掌握程式性这一艺术成分，进行以程式思维为先导的意象创造。

后　记

Postscript

随着戏曲艺术的繁荣，戏曲现代戏的大量涌现具有特殊的重要意义，它是时代对戏曲提出的要求，同时它又契合了传统戏曲艺术在伴随着社会与民众的需求而寻求自身发展的需要。现代戏的编演却是戏曲关注时代和民众最为直接的体现，它也是最能够体现传统的民族戏剧真正步入现代社会和现代观众的一种艺术实践。

戏曲现代戏的服装创造与其他部门一样，有一定的困惑，无非是在于新编现代戏剧目既要建构现代品格，又要保持戏曲表演的特质，说到底，就是要面对当代戏曲发展中那个无可回避的传统程式化与现代化的根本关系问题。这也是戏曲所有新编剧目所要共同面对的难题，在此背景下结合实践对现代戏曲服装的属性及定位作系统思考。本书也是为了让同行与学生们回归到戏曲现代戏服装设计的本体上来。

本书插图主要引用一些实践的剧目来结合内容分析，是创作中真实的体会及思考，可以说是有感而发。作为教学成果总结的同时，也望能使相关社会人士有所启迪与借鉴。

编写过程中得到院、系领导的极大关怀与支持。本书图像大多来自作者近年来亲身的剧目实践，其中一部分由中国戏曲学院秦文宝及相关院团、专业工厂等提供。韩卓言、钱亚萍、李硕等研究生为图文整理做了大量协助工作，在此一并致谢。

潘健华　陆笑笑

2017年4月于上海戏剧学院